編輯大意

一、本書爲持續前二編而編輯。故定名家庭食譜三編。

一、本書內容。凡關於家庭間日常之食品。不論粗細。均廣爲搜集。頗適合於大小家庭家事經濟之支配。

一、本書體例。於每節緊要處。一列增加注意一項。以便特別留意。

一、本書材料。切實豐富。對於食品之選揀。營養之衛生。以及淺近之科學知識。略有論列。以普及一般科學知識爲主旨。

一、本書製法。有類同者。恕不另載。祇附列名稱。以備觸類旁通焉。

一、本書校勘。較前精碻。自審誤處。絕無僅有。此可告慰於閱者。

一、本書挂漏錯簡。以前二編爲多。今經編者。親自校訂。增損不少。正在印刷中。

一、本書補述各節。取材謹嚴。疏漏仍所難免。擬再補足四編。從速出版。欲窺全豹者。亮亦莫不先覩為快焉。

三編自序

士君子不以惡食爲恥。余乃逐逐於飲食之欲。得不爲君子病乎。然而傳說調羹。易牙知味。鄉黨有酒食之事。尙書載藁飫之篇。古昔聖哲固未嘗不講也。夫炮羔斟雉。各有專長。燔黍捭豚。亦關學問。苟烹飪得其道。雖芹蘁蒲鮓。遠勝珍饈。不得其道。卽鴨臛熊蹯。亦難下箸。此烹割蒸煮之法。鹹酸甘脆之別。所不可不究也。余前著家庭食譜續編。旣爲嗜味者所稱許。今又爲之三編。付諸梨棗。用復綴數言。以質世之同好者。

中華民國十三年十月常熟時希聖序於海上

家庭食譜三編目錄

第一章 點心

目錄　　二

第四章　鹽貨

目錄 六

第五章 糟貨

目錄

一〇

家庭食譜三編目錄終

家庭食譜三編

第一章　點心

第一節　湯糰

材料
白糯米粉一升。　豬油四兩。　白糖四兩。　黑芝蔴少許。

器具
鍋一只。　爐一只。　鏟刀一把。　研缽一箇。　洋盆一只。

製法
將白糯米粉少許。以清水拌和。入鍋蒸熟。然後以餘粉亦以清水拌和。再將蒸熟之粉。一同拌和。摘成小塊。以豬油用白糖洧好後。即可包成糰狀。入鍋蒸熟。取起。先將黑芝蔴炒熟。用缽研細。將糰之四周。滾以黑芝蔴屑。就可裝入盆中。以備供食。爲夏日點心中之特品。

注意

本食品所以用蒸熟之粉拌和者。因爲可使糰殼不易穿也。

第二節　蝦粥

材料

蝦米四兩。　白粳米六合。　白糯米四合。　火腿絲二兩。

器具

鍋一只。　爐一只。　淘籮一只。　銅勺一把。　飯碗一只。

製法

將白粳米白糯米用淘籮一同淘淨。然後入鍋加清水燒透。燒成稀飯。再將蝦米去其尾足。與火腿絲加入鍋中。用文火燒之。燒成糜後。便可食矣。

注意　蝦米最小。開洋第二。扁東最大。可隨意用之。食時。如味淡。酌量加以醬油可耳。

第三節　雞粥

材料　嫩雞一只。白粳米六合。白糯米四合。陳黃酒四兩。食鹽二兩。醬油一兩。葱薑少許。

器具　鍋一只。爐一只。淘籮一只。厨刀一把。洋盆一只。飯碗一只。

製法　將雞殺就。去其毛雜。用厨刀切成二爿。入鍋加清水葱薑燒之。燒至微爛。下以陳黃酒食鹽。燜爛後。撩起切塊候用。再將粳米糯米用淘籮淘淨。入雞湯內燒之。用文火燜成糜後。即可用雞塊裝入碗中。盛入膩粥。加醬油一匙食之。味較鴨粥爲佳。

注意　食時。若加入薑屑少許亦佳。

第四節　茶葉蛋

材料　雞蛋二十箇。　醬油三兩。　紅茶葉三兩。　食鹽一兩。　五香料若干。

器具　鍋一只。　爐一只。　筷一雙。　洋盆一只。

製法　將雞蛋用清水洗淨。入鍋加醬油紅茶葉食鹽五香料等燒之。燒一透。外殼稍敲碎以細裂紋。再燒十分鐘。即成茶葉蛋。食時。去其外殼。味頗香冽。

注意 本食品用以作行旅時之點心絕佳。

第五節　燒番瓜

材料 番瓜二箇。　糯米半升。　開洋半兩。　菜油二兩。　食鹽少許。

器具 鍋一只。　爐一只。　厨刀一把。　鏟刀一把。　刮鉋一箇。　碗一只。

製法 將番瓜用刮鉋鉋去其皮入水洗淨。用厨刀切成小塊。去其瓜子。倒入熱油鍋中炒之。炒至五分鐘。待其脫生。加入清水。同時再加糯米開洋食鹽等。惟糯米而預先淘淨。否則米易開花。開洋亦需預先用陳黃酒放好。然後關蓋再燒。以爛爲度。用鏟盛起。冷卻食之。味甚香甜。

注意

本食品在於普通人家。燒番瓜時。多用石鹼。因爲要起鹼化作用。有礙衞生。故不宜多用。又糯米開洋。可改用麪糰子。俗稱麪老蟲亦可。

第六節　薄荷蓮子羹

材料

蓮子一斤。　文冰一斤。　薄荷湯一缸。

器具

鍋一只。　爐一只。　鏟刀一把。　碗一只。

製法

將薄荷煎成湯汁。再用最好乾蓮子。開水泡發。立即剝皮去心。用溫水洗淨。加以四倍之薄荷湯。用文火煨爛。加以文冰。至糖融化。蓮子呈玉色。乃盛起供食。冷食爲宜。清涼解渴。

注意

蓮子以酥而不開花爲佳。

第七節　白木耳羹

材料

白木耳一匙。　文冰一兩。

器具

瓦罐一箇。　炭爐一只。　碗一只。

製法

將白木耳用清水放透。去其蒂垢。再行洗淨。然後放入瓦罐。用炭墼火煨爛。加以文冰。再煨片時。卽可取食。味頗香甜。席間用之。亦甚美觀。

注意

白木耳卽銀耳。功能滋陰。爲無上之補品。

第八節　砂炒年糕

材料　年糕一方。　砂一斤。

器具　鍋一只。　爐一只。　厨刀一把。　鏟刀一把。　竹籃一只。　玻璃瓶一箇。

製法　將年底之年糕。不論黃白皆可。用厨刀切成薄片。如烘片糕狀。然後將砂入鍋。先行炒熱。卽可倒入年糕。引鏟炒之。炒至鬆脆。鏟起。用竹籃篩去砂質。貯於玻璃瓶中。隨時取食。味亦大佳。

注意

年糕用黃糖做成者。曰黃糖年糕。用白糖做成者。曰白糖年糕。非寧波年糕也。

第九節　水舖雞蛋

材料
雞蛋四箇。　甜酒釀半杯。

器具
洋風爐一只。　匙一把。　碗一只。

製法
將雞蛋預先拍好於碗中。再以清水放在洋鐵鍋內。燒至沸點。投入雞蛋。煮五分鐘。加甜酒釀。待透食之。甜嫩無比。

注意
本食品於冬季每日早晨作點。滋補勝於牛乳。

第十節　紅蛋

材料　雞蛋若干箇。紅顏料水一盆。

器具　火爐一只。洋磁面盆一只。筷一雙。盤一只。

製法　將雞蛋先行入鍋煮熟。用紅顏料融化於五十倍之滾水內。置於洋磁盆中。然後將火爐燃着。放上磁盆。投以雞蛋。隨燒隨染。顏色異常豔麗。

注意　染紅蛋需染得勻淨。否則色點斑斑。有礙雅觀。俗於弄璋之後。用以餽贈親友。爲用甚廣。

第十一節　八珍糕

材料
白糯米一升。　白粳米一升。　蓮心半斤。　茯苓四兩。　山藥四兩。
白扁荳四兩。　薏苡仁四兩。　白糖二斤。
器具
鍋一只。　爐一只。　鏟刀一把。　手磨一具。
製法
將糯米粳米入鍋炒熟。蓮心去皮及心。白扁荳去殼。同茯苓山藥薏苡仁等。放入手磨。共牽細末。和入白糖。刻以模型。即成八珍糕矣。市上藥店新張時。售價極廉。
注意
有謂八珍糕內用坑蛆者。爲專治小兒除積健脾清熱暢胃之補品。

第十二節　臘八粥

材料
白粳米八合。　白糯米二合。　蓮心二兩。　芡實二兩。　紅棗二兩。
白菓二兩。　栗子二兩。　桂圓肉二兩。　白糖一斤。

器具
鍋一只。　爐一只。　鏟刀一把。　籮一只。　碗一只。

製法
將粳米糯米二八對鑲。用籮淘淨。再將蓮心去皮及心白菓栗子去殼。及芡實紅棗等。一同入鍋。加以清水。燒之稀爛。再加桂圓肉白糖。用鏟調和。再煮片刻。即可食矣。

注意
臘八粥流俗相傳於十二月初八日食之。

第十三節　五香糕

材料

糯米粉半升。　砂仁荳蔻肉桂皮各半兩。　白糖半斤。

器具

烘缸全付。　厨刀一把。

製法

將糯米粉用水拌和。加入砂仁荳蔻肉桂皮之細末及白糖等。用厨刀切成小方塊。放入烘缸烘之。香脆卽佳。

注意

五香糕爲補血添神益氣健胃之食品。

第十四節　椐饅凍

材料

椐饅饅五十箇。　菱（或茨菇或荸薺均可）半斤。　白糖四兩。

器具 手巾一塊。絹篩一只。臼一只。磁盆一只。厨刀一把。碗一只。

製法 將椐饅饅在樹上採下。去其柄皮。浸於水中。用手巾搓出白漿。絹篩漏過。再用菱剝去其殼。用臼打成汁水。和入白漿。置於磁盆中。候冷成凍。用厨刀劃成小塊。下以白糖。味甚酸爽。

注意 椐饅饅產於郊外椐饅饅樹上。樹上繞有籐甚多。結果形如饅首。但不知科學名詞爲何。

第十五節 黃泔

材料 黃泔一碗。白糖二兩。

器具
鍋一只。爐一只。絹篩一只。筷一雙。鏟刀一把。碗一只。
製法
將洑麪筋水。舀去上面黃水。將脚用篩漏清。凡二次。即是黃泔。乃入鍋中煮之。以筷徐徐調和。見其凝結。放下白糖。再攪二次。便可盛起供食。
注意
黃泔卽是未曾晒乾之小粉。

第十六節　黃鬆糕

材料
粳米糯米共一斗六升。（粳米四六鑲。）黃糖四斤。紅顏色水少許。
器具

鍋一只。爐一只。鏟刀一把。籃一只。甑一只。荷葉（或紅紙）數張。木印板數塊。

製法

將黃糖入鍋。加清水烊成糖汁。漏清底脚。拌入粉中。（米需預先牽好。（拌就上甑。甑底鋪以荷葉或紅紙。糕面再以紅顏色水拌入粉內少許。刻以木印。印上有圖有字。多吉利語。喜事皆用之。移上鍋架。燃火蒸熟。脫下甑圈。糕之四周。蘸以黃糖汁。拭之使顏色美觀。即成一甑黃鬆糕矣。

注意

食時。另以刀切成條塊。上鍋蒸軟。乃可食之。

第十七節　重陽糕

材料

新栗子一斤。　糯米粉三升。　黃糖一斤。　松子仁半兩。　瓜子肉半兩。

器具

鍋一只。　爐一只。　鏟刀一把。　盆一只。

製法

將新栗子入鍋煮熟。去其皮殼。以爛爲度。用鏟搗碎。和入黃糖糯米粉。上鍋架蒸之。糕面再加黃糖松子仁瓜子肉等。蒸熟可食。

注意

九月九日。相傳爲登高避難之日。食此糕可以避災。

第十八節　餈糰

材料

白糯米一升。　黑芝蔴三合。　黃糖六兩。　小粉少許。

器具
鍋一只。　爐一只。　木杵一箇。　籮一只。
製法
將糯米淘淨。放入鍋內。煮成糯米飯。用木杵舂爛。以和爲度。然後分成數十塊。再將黑芝蔴炒熟。加黄糖研細爲餡。搓圓放入小粉籮中。卽成
注意
糰面點以紅胭脂。圖其美觀。

第十九節　黄金糰

材料
白糯米一升。　荳砂餡一碗。　黄荳粉（或松花粉）一碗。
器具
鍋一只。　爐一只。　篩一只。　巾一條。　木杵一箇。　籮一只。

製法　將赤荳或蒸荳煮爛。以篩擦去其皮。用巾捺成細砂。晒乾。可以久藏。用時。入葷油炒之。加些熱水。再加桂花白糖。即成荳砂餡。再將糯米煮飯。用木杵舂爛。分成塊塊。包入荳砂餡。搓成團狀。外粘熟黃荳粉。色黃味美。

注意　荳砂內可加入糖消板油小塊亦佳。

第二十節　蒸荳湯

材料　蒸荳半升。　白糖半斤。　桂花少許。

器具　鍋一只。　爐一只。　調羹一把。　碗一只。

製法 將蓁荳揀淨淘淸。用冷水入鍋煨爛。即成盛入碗中。加以白糖。及桂花。乃食。甚有益於衞生。

注意 赤荳湯同一手續。

第二十一節　野雞荳羹

材料 野雞荳四箇。　文冰半兩。

器具 鍋一只。　爐一只。　調羹一把。　碗一只。

製法 將野雞荳剝去其皮。用冷水入鍋煮之。用文火煨爛。加下文冰。俟其融化。卽可起鍋。味甚甘鮮。

注意

鮮蓮心鮮菱鮮栗子鮮百合鮮芡實等均可照樣煮之。

第二十一節　盲公餅

材料

白麪粉一升。　豬油一斤。　葡萄乾一匣。　白糖半斤。

器具

火盆二箇。　洋盆一只。

製法

將麪粉拌和。用豬油去皮。和白糖揑爛。與麪粉搦和。摘成小塊。中包葡萄乾白糖爲餡。用兩箇火盆。兩面覆合。上下有火。烘至黃熟爲度卽佳

注意

本食品入口卽化。甘香而益人。

第二十三節　楊梅餅

材料　楊梅三十只。麪粉一升。牛奶一杯。白糖半斤。雞蛋五枚。檸檬汁半杯。食鹽少許。葷油六兩。

器具　鍋一只。爐一只。缽一只。廚刀一把。洋盆一只。

製法　將楊梅去核打汁。同麪粉牛奶白糖雞蛋檸檬汁食鹽等。一併倒入缽內。加些清水。拌和之後。入油鍋用文火燒之。約半點鐘。盛起涼透。切塊烘之。兩面皆黃。食之略帶酸味。能使胃口大佳。

注意

楊梅能代以楊梅露尤佳。

第二十四節　胡桃雪片糕

材料　胡桃一斤。糯米粉五升。白糖二斤。桂花少許。

器具　鍋一只。爐一只。籠一只。竹篩一只。布一塊。甑一只。洋盆一只。

製法　將胡桃放好。去皮。再將糯米粉和白糖湯。放在籠內拌和。在篩內篩過。用布推在甑底。篩粉一層。置胡桃肉一層。如是輪流爲之。上鍋蒸透。按上桂花。蒸熟卽就。

注意

胡桃改爲松子仁葡萄乾亦佳。

第二十五節　糖燒芋艿

材料

芋艿一斤。　鹼一塊。　黃糖四兩。　桂花少許。

器具

鍋一只。　爐一只。　鏟刀一把。　厨刀一把。　畚箕一只。　灰扒一箇。

碗一只。

製法

將芋艿洗淨。浸於水中。放在畚箕內。用灰扒推去其皮。再用刀切去壞處。洗淨後。即可入鍋。加清水鹼黃糖等燒之。需用文火。燜熟爲度。放下桂花。又甜又香。

注意

脫皮時。亦可用石臼爲之。

第二十六節　牛油糕

材料

黃牛骨髓油一斤。　白麪粉二升。　桃仁松子肉芝蔴瓜子肉各二兩。

白糖半斤。

器具

鍋一只。　爐一只。　鏟刀一把。　碗一只。

製法

將黃牛骨髓油入鍋熬沸。加入白麪粉炒之。俟將熟時。加入桃仁松子肉芝蔴瓜子肉等。起鍋時。加入白糖。盛起藏好。於每晨每晚。用開水冲食一碗。誠不亞服補劑也。

注意

黃牛骨髓俗稱牛骨屑。有加入珍珠粉者。有加入燕窩銀耳者。冬令食之。味甚滋補。

第二十七節　蘋菓夾

材料

蘋菓十只。荳砂一碗。葷油六兩。

器具

鍋一只。爐一只。厨刀一把。筷一雙。洋盆一只。

製法

將蘋菓用厨刀切片。中夾荳砂。倒入油鍋內氽之。見黃鉗起。食之既甜且香。

注意

葡萄夾香蕉夾均可倣行。

第二十八節　玉米糕

材料　玉米麪半斤。　酵麪一杯。　鹻水少許。　黃糖四兩。　牛奶一杯。　杏仁半杯。　佛手半只。

器具　鍋一只。　爐一只。　盆一只。　鏟刀一把。　厨刀一把。　洋盆一只。

製法　將玉米麪加酵麪。和以清水。調成稀薄之漿。倒入盆中。用温水在外面暖之。俟其發酵。有如蠶窠。洒以鹻水。去其酸味。加以黃糖牛奶杏仁佛手等攪和。移上鍋架。燃火蒸之。待熟取出。用刀切成小片。食之甜爽異常可口。

注意

玉米麪即玉蜀黍粉。酵麪即酵頭。北人多用之。

第二十九節　松子砂仁糕

材料

松子肉半斤。　糯米粉三升。　砂仁末半兩。　白糖一斤。　食鹽少許。紅綠絲少許。

器具

鍋一只。　爐一只。　臼一只。　布一塊。　甑一只。　篩子一只。　厨刀一把。　籠一只。

製法

將松子肉用臼碾細後。以布鋪入甑內。先篩粉一層。再撒松子肉細屑。及砂仁末白糖食鹽紅綠絲等物一層。反復行之。得厚三四分而止。移上鍋架。燃火蒸之。待其已熟。用刀切成小塊。食之香美異常。

注意
糯米粉不必鑲粳米粉。因不黏。不能成糕矣。

第三十節　水晶糕

材料
糯米粉半升。　豬油四兩。　白糖半斤。　松子仁瓜子仁半兩。
器具
鍋一只。　爐一只。　甑一只。　籩一只。
製法
將糯米粉用冷水拌濕。加以豬油白糖。上甑蒸熟。再加些松子仁瓜子仁等物。起鍋涼冷。即成水晶糕矣。
注意
水晶糕以潔白而得名。故豬油越多越味美。

第三十一節 蠶荳餅

材料 蠶荳半升。 麪粉一升。 白糖四兩。 菜油一斤。

器具 鍋一只。 爐一只。 鏟刀一把。 洋盆一只。

製法 將蠶荳放在沸水中浸透。剝去其殼。和以麪粉。用水調勻。加以白糖。然後入油鍋中氽之。至軟撩起。食之味甚香脆。

注意 白糖改用食鹽。亦甚可口。

第三十二節 葡萄酥

葡萄乾一包。 白麪粉一升。 葷油一斤。 雞蛋三枚。 白糖四兩。

荳砂一碗。

器具 鍋一只。 爐一只。 缽一只。 板一塊。 棍一條。 廚刀一把。 洋盆一只。

製法 將白麪粉葷油雞蛋白糖等物。一倂入缽調和。置板上揉之。揉一層。撒麪粉一層。使之分層不相連合。然後用刀切成小塊。以棍展之成片。再包以葡萄乾荳砂爲餡。入油鍋內煎之。約十分鐘。卽成。食之甚爲鬆脆。

注意 煎時不可過長。恐皮酥脫層也。

第三十三節　湯包

材料

麪粉一升。 豬肉一斤。 酵麪一杯。 鹼水少許。 陳黃酒醬油葱薑芝蔴各少許。

器具

鍋一只。 爐一只。 缽一只。 甑一只。 匙一把。 碗一只。 盆一只。

製法

將麪粉入缽。和酵麪拌和。需加些清水。發酵後。洒以鹼水。然後搓成長條。用手摘成小塊。即可將斬好之豬肉。（用陳黃酒醬油葱薑芝蔴等斬之。）包心。包成小饅頭形。上甑蒸透。待熟。可食。用以餉客。新鮮特色。

注意

若用豬油白糖玫瑰醬松子仁包者。名曰水晶包。亦饒風味。

第三十四節 山藥糊

材料

山藥半斤。藕粉三兩。白糖三兩。杏仁精三兩。葡萄乾三兩。牛乳三兩。

器具

鍋一只。爐一只。鏟刀一把。洋盆一只。

製法

將山藥洗淨。入鍋蒸熟。取起。去其外皮及細子。然後調和以藕粉白糖杏仁精葡萄乾牛乳等類。入鍋燒之。用鏟刀徐徐攪和。凝結純厚。卽可起鍋供食。

注意

若無藕粉。則不能凝結濃厚。無漲力而不佳。

第三十五節　高麗肉

材料

豬油半斤。 白糖四兩。 麪粉一碗。 雞蛋五枚。 荳砂一杯。 網油四張。 葷油半斤。

器具

鍋一只。 爐一只。 筷一雙。 碗一只。 洋盆一只。

製法

將麪粉和以清水。調成薄漿。加以雞蛋青。用筷攪勻。再將白糖淯之豬油小骰子塊。裹荳砂。外加網油包之。略蘸以麪粉漿。放入葷油鍋中炸之。即漸漸膨脹。色黃而熟。食之其味鬆脆適口。

注意

高麗荸薺。高麗蘋菓。高麗山楂。高麗香蕉。高麗黃香梨。製法均同。

第三十六節 葛仙米羹

材料

葛仙米一杯。　文冰二兩。　桂花少許。

器具

瓦罐一箇。　火爐一只。　調羹一把。　碗一只。

製法

將葛仙米先用滾水煸好。然後過清。放入瓦罐中。加以清水。燃着火爐煨之。待至煨爛。放入文冰桂花。再煮片時。卽可盛出。味亦鮮甜異常。

注意

葛仙米羹。其味不亞於白木耳羹。

第三十七節　酒釀圓子

材料

糯米粉半升。　白糖二兩。　桂花醬玫瑰醬半杯。　酒釀一碗。

器具

鍋一只。爐一只。鏟刀一把。廚刀一把。籃一只。匙一把。碗一只。

製法

將白糖桂花醬玫瑰醬及清水等。倒入鍋內。烊成糖漿。盛起冷却。切成小米。置於籃中。篩成圓形。然後下粉篩之。微加些水。再和粉篩之。再加些水。如是數次。小圓子成矣。卽可在滾水內燒熟。加些酒釀。食時再加白糖。味甜異常。

注意

酒釀需用甜酒釀爲美。此種圓子。名曰水發圓子。較手搓成者。爲佳。吾鄉舊習元旦日晨。必有小圓子。供灶祭祖。祭畢食之。蓋取團圓吉利之意也。

第三十八節　鍋巴湯

材料

鍋巴三張。　蔴菇十只。　蔴油半斤。

器具

鍋一只。　爐一只。　筷一雙。　碗一只。　盆子一只。

製法

將蔴菇放好。用雞湯煮之。再將鍋巴入蔴油鍋中煎透。以黃透鬆脆爲度。便卽撩起。裝於盆中。乘熱蘸入湯中。隨蘸隨食。鮮美異常。

注意

鍋巴卽糯米飯樹。乘熱食之爲佳。否則乏味。

第三十九節　螟蟲糕

材料

糯米粉一升。　螟蟲三兩。　白糖四兩。

器具 鍋一只。爐一只。鏟刀一把。研缽一只。模型一塊。瓶一箇。

製法 將糯米粉用螟蟲入鍋炒之。使脂肪入粉爲度。盛起冷卻。用研缽碾細。加以白糖。入模型刻之。刻畢。儲於瓶中。常食能治虛勞各症。

注意 螟蟲爲害稻之蟲。亟宜捕去。製成是糕。洵廢物之利用也。

第四十節　鍋貼

材料 麪粉一斤。蔴油半斤。豬肉一斤。陳黃酒醬油葱薑食鹽各少許。

器具 平底鍋一只。爐一只。鏟刀一把。洋盆一只。

製法

將麪粉用蔴油拌和。摘成小塊。以豬肉斬爛。加入陳黃酒醬油葱薑食鹽等作餡。包成餃狀。置於平底鍋中。加些蔴油。燃火炸之煮熟卽可食矣。

注意

若肉餡改爲豬油餡。亦酥美。鍋貼以天津爲著名。

第二章　葷菜

第一節　荳芽拌肉絲

材料

荳芽半斤。　腿花肉六兩。　陳黃酒半兩。　食鹽一錢。　醬油一兩。　糟油少許。

器具

鍋一只。爐一只。廚刀一把。鏟刀一把。洋盆一只。

製法

將蕻荳芽揀去根頭。入鍋焯透。用冷水過清。再將腿花肉用刀切成細絲。同清水少許。入鍋燒透。加以陳黃酒食鹽。末幾。撩起。和蕻荳芽一同放於盆中。加入醬油糟油。食之其味清冽。

注意

本食品所用糟油。改用酸醋亦妙。

第二節 炖白菜夾肉

材料

膠菜四兩。瘦肉六兩。陳黃酒半兩。食鹽二錢。醬油半兩。葱屑少許。

器具

鍋一只。爐一只。厨刀一把。鍋架一箇。湯碗一只。

製法

將膠菜用刀切成方塊。然後將肉斬爛。和入陳黃酒食鹽醬油葱屑等。用膠菜二塊。中間夾以肉腐。卽行裝入湯碗中。再加陳黃酒食鹽醬油清水少許。置入飯鍋。燃火蒸之。飯熟亦熟。其味甚爲鮮潔。

注意

本食品用隔湯蒸炖亦可。

第三節　西瓜雞

材料

童子雞一只。西瓜一箇。陳黃酒一兩。食鹽半兩。

器具

鍋一只。爐一只。厨刀一把。瓦罐一箇。熩窠一箇。匙一把。

洋盆一只。

製法

將雞用刀殺死。去其毛雜。洗淨後。放在瓦罐中。加陳黃酒食鹽用炭墼煨爛。再將西瓜用刀切去其蓋。挖剩瓜皮。約四五分許。以雞及湯汁放入瓜中。加以瓜蓋。移入鍋中。燃火蒸之。數透之後。見其瓜皮已呈黃色。即熟。裝入洋盆內。啓瓜蓋食之。味之清香。罕與倫比。

注意

西瓜肉可先食去爲是。西瓜鴨亦是同一手續。

第四節　蛋塞肉

材料

雞蛋十箇。　腿花肉六兩。　陳黃酒半兩。　食鹽二錢。　醬油半兩。

白糖二錢。

器具
鍋一只。　爐一只。　厨刀一把。　鏟刀一把。　湯碗一只。

製法
先將雞蛋入鍋加清水煮三分鐘。以筷觸穿蛋之一端。倒轉將蛋黃漏出。用斬細之肉嵌滿。再入鍋燒之一透。盛起。剝脫其殼。然後加醬油再燒一透之後。加下白糖。味和。便卽盛起供食。

注意
蛋黃不可燒老。恐難取出。

第五節　蛋燒肉

材料
雞蛋八箇。　肋條肉一斤。　陳黃酒一兩。　食鹽二錢。　醬油二兩。
白糖半兩。　香料少許。

器具　鍋一只。爐一只。　厨刀一把。　鏟刀一把。　湯碗一只。

製法　將雞蛋入鍋燒五分鐘。即行撩起。在冷水中激之。脫殼候用。再將肉用刀切成薄片。先入鍋和清水陳黃酒食鹽醬油香料等。一同燒之。然後放入雞蛋。燒之數透。見已燒爛。和以白糖。再燒一透。即可食矣。

注意　雞蛋不在冷水中激之。則蛋黃必老矣。

第六節　燒肚蛋

材料　豬肚一只。　頭窠雞蛋一窠。（約二十箇。）　陳黃酒半兩。　醬油一兩。　蔴油二錢。

器具

鍋一只。　爐一只。　厨刀一把。　洋盆一只。

製法

將肚子擦洗乾淨。以雞蛋每箇拍入。用線紮緊。入鍋加清水燒之。一透下以陳黃酒。再燜半時。即可盛起。用厨刀切片。蘸醬油蔴油食之。甚爲可口。

注意

若不用醬油。淡食之。滋補異常。

第七節　烤鴨

材料

鴨一只。　陳黃酒二兩。　食鹽一兩。　甜蜜醬三兩。

器具

鍋一只。爐一只。鐵叉一把。洋盆一只。

製法

將鴨殺就。去毛雜。洗淨後。入鍋加陳黃酒食鹽。燒至半熟。撩起。用鐵叉叉住。入灶內烘之。烘至黃脆。卽可供食。食時。蘸以甜蜜醬。味甚香脆。

注意

烤時不可着灰。

第八節　油棉蛋

材料

雞蛋四枚。菜油一兩。食鹽少許。

器具

鍋一只。爐一只。鏟刀一把。洋盆一只。

製法

將菜油放入油鍋。熱至沸騰。用鏟刀擺下。菜油即發爆聲。就是沸騰。便可將雞蛋向碗邊拍碎。投入熱油鍋中。放些食鹽。見其已經凝結如油棉狀。即行盛起。然後逐箇投下煎之。煎完。即可裝入盆中。以便供食。食時。如味淡。加些醬油蘸食亦可。

注意

本食品形似婦人理髮時所用之油棉故名。

第九節　塞肉藕

材料

嫩藕一枝。　腿花肉一斤。　菜油一斤。　醬油一兩。　食鹽少許。　葱屑少許。

器具

鍋一只。　爐一只。　厨刀一把。　刮鉋一箇。　洋盆一只。

製法

將藕洗清泥污。用厨刀切斷。用刮鉋鉋去其皮。再切成薄片。然後將肉斬爛。和入醬油食鹽葱屑等。用藕二片。中間夾以斬細之肉腐。卽可投入熱油鍋中汆之。汆至鬆黃。卽行撩起。裝入盆中。食之味美。

注意

本食品之肉腐內。可以酌加眞粉少許。

第十節　凍蹄

材料

豬蹄膀一只。　黃魚膠三錢。　陳黃酒二兩。　醬油二兩。　文冰半兩。

器具

鍋一只。　爐一只。　鏟刀一把。　厨刀一把。　大碗一只。

製法

將豬之蹄膀。用水洗淨。用厨刀劃開。卽行置於鍋中。同清水先燒一透。再加下陳黃酒醬油等。蓋蓋再燒。需用文火。燜至極爛。和入文冰黃魚膠。再燒一透。俟其凝結。卽可盛於碗中。候凍卽成凍蹄。

注意

本食品在於夏日。亦可製成。黃魚膠藥店有售。

第十一節　龍鳳眼

材料

新鮮青魚眼睛一碗。　荳油二兩。　醬油二兩。　陳黃酒二兩。　白糖

葱薑少許。

器具

鍋一只。　爐一只。　鏟刀一把。　洋盆一只。

製法

將青魚之眼睛取出。先用醬油陳黃酒葱薑等之調味液。淯浸一小時。然後撈起瀝乾。倒入熱油鍋中煎之。引鏟速炒半分鐘。加下醬油陳黃酒。更下些白糖燒一透。便可供食。肥不可言。

注意.

本食品純取青魚眼睛。為葷菜之特品。

第十二節　肉包荳腐

材料

坐臀肉一斤。　荳腐三塊。　醬油一兩。　陳黃酒一兩。　葱三枝。　菜油二兩。　食鹽少許。　白糖眞粉少許。

器具

鍋一只。　爐一只。　鏟刀一把。　厨刀一把。　布一方。　筷一雙。　匙一把。　碗一只。

製法

將肉用厨刀斬爛。加以醬油陳黄酒葱屑等。再斬數下。盛入碗中候用。再將荳腐用布擠乾汁水。同菜油食鹽醬油等用筷調和。然後以匙包之。卽可入熱油鍋中煎之。煎至黄透。倒下陳黄酒醬油亦於同時加入。再燒二透。傾入白糖眞粉。卽可盛起供食。

注意

本食品用葱。能用葱白頭最佳。

第十三節　荳腐肉丸

材料

荳腐四塊。　腿花肉一斤。　菜油二兩。　食鹽三錢。　醬油一兩。　陳黄酒一兩。　葱屑少許。　白糖眞粉少許。

器具

鍋一只。 爐一只。 厨刀一把。 鏟刀一把。 布一方。 筷一雙。 匙一把。 碗一只。

製法

將荳腐用筷調爛。放入菜油食鹽。再將腿花肉用厨刀斬爛。和以食鹽醬油陳黃酒葱屑等。斬和之後。與荳腐一同拌和。下以眞粉用匙做成圓形。然後將油鍋燒熱。倒入煎透。放下陳黃酒醬油等。再燒數透。加糖和味。卽可供食。

注意

本食品之味道。較勝於肉包荳腐。

第十四節 大頭魚乾燒肉

材料

大頭魚乾一斤。 鮮肉二斤。 醬油三兩。 陳黃酒三兩。 白糖半兩。

香料少許。

器具

鍋一只。爐一只。厨刀一把。鏟刀一把。碗一只。

製法

將大頭魚乾洗淨。用厨刀切碎。肉亦切成方塊。或薄片子。一同倒入鍋內。和以淸水。燒之二透。放下醬油陳黃酒香料等。再用文火。燒之數透。見已燜爛。即行加糖和味。以供飯菜之用。

注意

本食品之大頭魚乾。味甚酥鬆適口。

第十五節　西瓜燒肉

材料

西瓜一箇。火腿一斤。食鹽少許。

器具
鍋一只。爐一只。厨刀一把。匙一把。碗一只。

製法
將西瓜挖去其瓤。削去其皮。再切成薄片。然後以火腿洗淨。刮去壞處。切成方塊。一同入鍋加清水燒之。燒至微爛。加些食鹽。再燒數透。即可以供食矣。味美而清冽。頗合夏令食之。

注意
火腿肉皮。不易煮爛。若塗以白糖。旣可易爛。又增鮮味。洵良法也。

第十六節　燒顎頰

材料
靑魚顎頰一碗。葷油一兩。醬油二兩。陳黃酒一兩。白糖葱薑各少許。

器具

鍋一只。　爐一只。　鏟刀一把。　洋盆一只。

製法

將青魚之頭部。純取顎頰。入熱油鍋中煎透。加下醬油陳黃酒葱薑及清水等。闗蓋燒二透。卽可和味加白糖。便可供食矣。

注意

本食品之顎頰。卽青魚嘴峯。以之沽酒暢飲。最爲相宜。

第十七節　燒肚膅

材料

青魚肚膅半斤。　葷油二兩。　醬油二兩。　陳黃酒一兩。　白糖葱薑砂仁末各少許。

器具

鍋一只。爐一只。廚刀一把。鏟刀一把。洋盆一只。

製法

將肚膛用廚刀斜七切塊。先以食鹽醃一夜。然後入熱油鍋中。炒之。煎至半熟。傾下陳黃酒醬油清水及葱薑等類。燒二透。和以白糖。起鍋時。再摻入砂仁末。食之香鮮。

注意

嗜醋者可酌加酸醋少許。

第十八節　燒頭尾

材料

青魚頭尾一斤。葷油二兩半。醬油二兩。陳黃酒二兩。白糖葱薑大蒜葉各若干。

器具

鍋一只。爐一只。缽一只。鏟刀一把。厨刀一把。洋盆一只。

製法

將青魚之頭爿尾巴。去鱗洗淨。準備一缽。將其用醬油陳黃酒葱薑等浸於水中。再將葷油入鍋。燒至沸騰。以頭尾倒入炒之。煎至極透。加下陳黃酒。關蓋燒片時。使他入味。再開蓋加入醬油淸水及葱薑等。燒其二透。將白糖大蒜葉摻下。嘗味之鹹否。卽可起鍋矣。

注意

若用和頭。以粉皮爲上。

第十九節　燒貢乾

材料

貢干四兩。肥肉四兩。醬油一兩。陳黃酒一兩。

器具

鍋一只。爐一只。廚刀一把。鏟刀一把。碗一只。

製法

將貢乾用開水泡浸。去其沙質。再用陳黃酒浸之。次將肥肉用肋條。以廚刀切成薄片。和以雞肉鮮湯。一同入鍋。燃火共煨之。煨至極爛。食之味鮮適口。

注意

貢乾產自海中。一名淡菜。又名東海夫人。性堅韌。燒來越爛越好。

第二十節　酒搶蝦

材料

水晶蝦一盆。陳黃酒二兩。醬油一兩。食鹽薑屑少許。

器具

剪刀一把。碗一只。洋盆一只。

製法

將活蝦剪去芒足。剝去頭殼。然後放在碗中。加以陳黃酒醬油食鹽等浸漬。上面以盆蓋之。恐其跳去。浸已多時。卽可裝洋盆內摻入薑屑。食時。或蘸以甜醬。或蘸以鎭江醋。味頗佳妙。用以下酒尤宜。

注意

草蝦以薄殼而透明者爲佳。惟非鮮活者不可。如法搶蟹。就名酒搶蟹。

第二十一節　燕窩湯

材料

燕窩一只。　雞絲火腿絲筍絲各少許。

器具

鍋一只。　爐一只。　鏟刀一把。　碗一只。

製法

將毛燕用熱滾水泡開。漂於爐底灰水中。用鉗揀去黑毛。在另一清水碗內。洗去所鉗之毛。如是揀清。（紫燕可不必用爐底灰揀清）洗淨後。用雞絲火腿絲筍絲加清湯先煮一滾。乃將燕窩倒下煮之。煮其數透。見呈玉色。盛起供食。鮮香味美。不愧嘉肴。

注意
燕窩有紅白烏三種。以紅者爲最佳。功能補腎添精。厥效甚著。亦爲盛筵珍品。

第二十二節　海蝘炖蛋

材料
海蝘三匙。　鴨蛋二枚。　陳黃酒半兩。　醬油半兩。　食鹽葷油少許。

器具
鍋一只。　爐一只。　筷一雙。　大碗一只。　匙一把。

製法 將海蝘用陳黃酒放好。再將鴨蛋放在碗口打破。盛黃白於大碗內。棄去其殼。以筷打和。即以海蝘放入加些食鹽葷油。再加下陳黃酒及清水。就可移上鍋架。約沸水後歷十五分鐘蒸熟。食時。加些醬油。味亦鮮佳。

注意 如放在飯鍋上蒸熟亦可。能乾炖尤佳。惟蒸時不可洩氣。以免有炖生之病。又如法用開洋炖之。名曰開洋炖蛋。用蝦仁炖之。名曰蝦仁炖蛋。用麻雀炖之。名曰麻雀炖蛋。

第二十三節 酒醉蚶子

材料 蚶子一碗。 陳黃酒三兩。 醬油二兩。

器具

瓦鉢一箇。　洋盆一只。

製法

將蚶子殼洗淨。再養清泥污。然後入鍋加陳黃酒醬油等燒至半熟。殼自張開。盛入洋盆內。味甚清鮮。用作飯菜可。用作酒菜尤妙。

注意

蚶子俗稱瓦楞子。裏有白筋一條。性寒有毒。食時宜去之。海瓜子想是蟶之俗名。亦可如上法製之。本食品屬於貝類。所含動物性澱粉特多。且鈣質及其他鑛物性成分。亦甚豐富。據最近衛生家之研究。發見貝類含有多量之維他命。(Vitamin)認爲於營養上有價值之食品。主持家政者。盍注意之。

第二十四節　流黃蛋

材料

雞蛋五箇。　蕈油二兩。　陳黃酒食鹽芡粉各少許。　雞屑火腿屑蝦仁屑筍屑各若干。

器具

鍋一只。　爐一只。　厨刀一把。　鏟刀一把。　洋盆一只。

製法

將新鮮雞蛋碎殼。拍出黃白。用筷攪成漿。加以陳黃酒食鹽芡粉及雞汁等。再行調和。然後燒熱油鍋。起青煙時。將蛋倒入鍋內。旋即用鏟炒之。片時。加熟雞屑火腿屑蝦仁屑筍屑等。引鏟和勻。速即起鍋供食。味極鮮嫩而不勞人。

注意

本食品在將起鍋時。不必攪炒。否則成小塊矣。

第二十五節　荷葉蒸雞

材料
鮮雞一斤。炒米粉四合。陳黃酒二兩。醬油三兩。

器具
鍋一只。爐一只。厨刀一把。鮮荷葉二張。

製法
將雞用刀切成長方塊。放在陳黃酒醬油等之調和液內浸透。然後和以炒米粉。裹以鮮荷葉。上鍋蒸之。蒸至雞熟粉膩。食之清香四溢。

注意
荷葉蒸魚。荷葉蒸鴨。荷葉蒸肉。荷葉蒸牛肉之製法皆同。茲不贅。

第二十六節　紅煨魚翅

材料

魚翅一只。　腰尖肉半斤。　白菜梗四兩。　陳黃酒二兩。　醬油三兩。
葷油一鉢。　紅肉汁一碗。　白糖眞粉少許。　蝦仁一杯。　火腿片
笋片四片。

器具

鍋一只。　爐一只。　厨刀一把。　鏟刀一把。　大洋盆一只。

製法

先將魚翅用冷水浸透。後換熱水。浸一小時。用淸水洗去沙質。用刀刮去筋皮。再用冷水煮之。俟軟已發足。去其骨管。及將白菜梗用厨刀切成細條。入鍋焯熟。在葷油鍋中氽黃。見葉邊已氽黃枯。卽行撩起。就可候用。再將腰尖肉用厨刀切成細絲。入鍋加葷油煎透。下以陳黃酒醬油。並下白菜。煨之待熟。加下紅肉汁。燒一透。放入魚翅。啟蓋燒片時。加下白糖眞粉。然後裝於大盆中。上面蓋以蝦仁。四周鋪以火腿片笋片。

便可供食。味甚濃厚。

注意　白菜必需焯熟。否則淡水氣矣。蝦仁改用蟹粉亦可。

第二十七節　火方

材料　雲腿一方。　文冰一兩。　陳黃酒半兩。

器具　鍋一只。　爐一只。　鏟刀一把。　碗一只。

製法　將火肉洗淨。加以清水。入鍋煮之極爛。加些陳黃酒。再煮片時。即以文冰攏入。等其收膏。便可鏟起。盛於碗中。食之味甚腴美。

注意

火腿皮不易煮爛。可於未入水前。徧塗白糖。使之殆滿。煮之則易爛。且其味尤爲豐厚。

第二十八節　煮鴿蛋

材料　鴿蛋四箇。　雞湯一碗。

器具　鍋一只。　爐一只。　碗一只。

製法　將鴿蛋入鍋加淸水。連殼煮熟。卽行撩起。剝去兩端之殼。以口用力吹之。庶蛋白不致黏住蛋殼。可免難剝之患。滾入雞湯。卽成鮮美之菜肴矣。

注意

席上鴿蛋。推爲上品。一時無以應付。可以雞蛋代之。法用豬小腸。刮成薄衣。先以蛋白倒入。再以熟蛋黃放入一粒。大小與鴿蛋相似。以線紮住。再灌再縛。連成一串。在熱水內煮之。少時撩起。撕去薄衣。即成。味道形式。能使眞僞莫辨。

第二十九節　醃海蜇

材料

海蜇二塊。　菜油半兩。　醬油半兩。　白糖蔴油青葱各少許。

器具

鍋一只。　爐一只。　鑲刀一把。　洋盆一只。

製法

將海蜇用溫水洗淨。置於碗內。上面加白糖青葱等。然後將油鍋燒熱。用熱油澆之。隨澆隨拌。再加醬油蔴油。即可供食。爽脆異常。

注意　洗時用開水。則易變小。因受熱烊去故也。

第三十節　醃海蜇皮

材料　陳海蜇皮三張。　蘿蔔二箇。　菜油一兩。　食鹽半兩。　白糖青葱各少許。

器具　鍋一只。　爐一只。　廚刀一把。　刮鉋一箇。　鏇刀一把。　筷一雙。碗一只。

製法　將海蜇皮　熱水泡之。撕去紅衣。用廚刀切成細絲。再將蘿蔔用鉋刮去其皮。用廚刀斜切薄片。再切成絲。一同放入碗中。和食鹽拌之。隔片時。取起擠乾。卽和以白糖葱屑。用熱油澆之。以筷調和。脆而可口。

注意

多食海蜇皮。可去積滯。

第三十一節　干貝鬆

材料

干貝四兩。　陳黃酒二兩。　醬油二兩。

器具

鍋一只。　爐一只。　鏟刀一把。　罐一箇。

製法

將干貝用陳黃酒放透。入鍋加清水煮爛。再加醬油同煮。隨煮隨用鏟刀將干貝揉碎。俟汁煮乾。熇燥取出。封密儲於罐中。毋使還潮。味乃異常鬆美。

注意

本食品味道。勝於雞魚肉鬆。

第三十二節　煨毛雞

材料

雌雞一只。　陳黃酒二兩。　醬油二兩。　食鹽一兩。　葱薑茴香花椒各少許

器具

濕泥一團。　火爐一具。　火叉一把。　廚刀一把。　洋盆一只。

製法

將雞殺倒。不必去毛。在尾部開一小孔。去其腸雜。在肚內放入陳黃酒醬油食鹽葱薑茴香花椒等。將孔縫好。不可漏氣。以免泄去油酒。然後外裹濕泥。團之如皮蛋。放入火爐熱火灰中煨之。務使轉動。四周炙透。

香氣四溢。即可攢去乾泥。毛亦隨之脫落。以之切塊。或切細絲。味香襲人。

注意

本食品較煨雞拌洋菜尤勝。又名告化雞。

第三十三節 蘋菓荳腐

材料

雞蛋四箇。 荳腐漿一碗。 食鹽少許。 火腿雞絲湯一大碗。

器具

鍋一只。 爐一只。 筷一雙。 匙一把。 碗一只。

製法

將雞蛋打破一端。瀝取其白。和以荳腐漿。加些食鹽。先將火腿雞絲湯在鍋中煎滾。然後用匙舀入一二匙。使其黏結。再舀再燒。舀畢。燒一透。

即可供食。鮮嫩可口。爲常熟菜館中著名之食品。

注意

蘋菓荳腐以形似蘋菓故名。並非眞以蘋菓爲之也。

第三十四節　白湯魚

材料

鯽魚二尾。　菜油半兩。　陳黃酒二兩。　食鹽及葱薑胡椒各少許。

器具

鍋一只。　爐一只。　厨刀一把。　鐾刀一把。　碗一只。

製法

將鯽魚用厨刀刮去鱗鰓。破肚去腸膽。洗淨後。入鍋加清水。燃火燒透。加入菜油。同時再加入陳黃酒食鹽葱薑等類。關蓋再煎十餘透。將起鍋時。糝入胡椒粉。味既香美。湯亦澄清。佳哉此肴。

注意　白湯魚俗名紫魚。其味勝於煎炖魚。

第三十五節　飯蒸肉

材料　瘦肉半斤。　食鹽二兩。　陳黃酒半兩。

器具　鍋一只。　爐一只。　大碗一只。　洋盆一只。

製法　將瘦肉先一夜用食鹽醃好。俗稱薄鹽肉。然後在燒飯時。先行入鍋。加些陳黃酒。上面蓋大碗。覆住鍋心。再將米拍下。下以清水。關蓋燃火燒之。飯熟亦熟。且飯亦肥香。食之清美健胃。

注意

本食品是用薄鹽肉蒸者。若改用加香肉尤佳。

第三十六節　蝦子麪筋

材料

麪筋十箇。嫩笋一只。菜油一兩。蝦子醬油一兩。陳黃酒食鹽少許。

器具

鍋一只。爐一只。厨刀一把。鏟刀一把。洋盆一只。

製法

將麪筋用厨刀切小。嫩笋切片。再將油鍋燒熱。待沸。將麪筋笋片倒入炒之。少時。下以陳黃酒食鹽蝦子醬油等。再燒數透。開蓋起鍋供食。味亦鮮佳。

注意

麪筋需以無錫出產爲著名。

第三十七節　酥雞

材料

雞二只。陳黃酒二兩。醬油二斤。蔴油一斤。青葱五斤。薑二兩。醋四兩　川椒末半兩。食鹽及糖油顏色少許。

器具

鍋一只。爐一只。厨刀一把。鐽刀一把。碗一只。

製法

將雞殺後。破肚去雜。切成方塊。摻以食鹽然後將葱一半。平鋪鍋底。加入雞塊。蓋上餘葱。注入陳黃酒醬油蔴油青葱薑醋川椒末及清水二碗等。一同關蓋用文火燒之。迨一晝夜。加以糖油顏色。越時。卽異常酥嫩。

注意
若換以材料。鴨魚肉等皆可。其製法盡同。

第三十八節　八寶鴨

材料
壯鴨一只。　白糯米二合。　蓮心芡實桂圓肉苡米香菌白菓火腿屑筍屑各等分。　陳黃酒四兩。　醬油四兩。　葷油四兩。　葱薑少許。

器具
鍋一只。　爐一只。　鉢一箇。

製法
將鴨殺斃。脫毛破肚。洗淨候用。再將糯米淘淨。及蓮心芡實苡米香菌白菓放好。惟蓮心需去心。白菓去殼。和糯米火腿屑筍屑桂圓肉陳黃酒醬油葷油等一同拌和。遂成稀薄之漿。但過薄則不佳。以適宜爲度。

放入肚內。用線紮緊。外加白菓葱薑及雞湯。入缽上鍋蒸爛。卽成八寶鴨矣。

注意

八寶鴨俗名米鴨。惟不用整只鴨而多用糯米耳。

第三十九節 干貝炒蛋

材料

干貝拾箇。 雞蛋四箇。 葷油二兩。 食鹽少許。 陳黃酒一兩。

器具

鍋一只。 爐一只。 鏟刀一把。 筷一雙。 洋盆一只。

製法

先將干貝隔夜放好。竪放碗中。以陳黃酒滴於每箇之上。然後封固其口。移入飯鍋中蒸之。經過四五箇飯鑊。卽可用矣。惟每箇飯鑊。在蒸之前。必需滴以陳黃酒。不可用水。因爲原汁已經足够。否則不鮮潔。再和以調和之雞蛋。摻些食鹽。卽可將油鍋燒熱。倒入炒之。霎時卽熟。以嫩爲佳。

注意

金氏有大嚼江瑤柱。謂太煞風景。若如法製之。可以大嚼矣。

第四十節　鱸魚湯

材料

鱸魚一尾。　豬油葱薑少許。　雞湯一碗。

器具

鍋一只。　爐一只。　鏟刀一把。　筷一雙。　碗一只。

製法

將鱸魚用筷除去其鱗。并由其鰓孔。以筷通入。捲去肚雜。取其肺洗淨。

放於碗內。即將雞湯煮熟。先以魚及葱薑倒入。煮數透。再以肺及豬油放入。燒透。即熟。

注意

鱸魚產於松江。以四鰓鱸爲最著名。

第四十一節　大燒獅子頭

材料

瘦肉半斤。　肥肉半斤。　陳黃酒二兩。　醬油二兩。　薑汁一盅。　眞粉半杯。　荳油二兩。　青菜三兩。　食鹽少許。

器具

鍋一只。　爐一只。　厨刀一把。　砧墩一塊。　碗一只。

製法

將新鮮豬肉。瘦肥各半。不必洗以清水。用厨刀去皮。切成肉絲。再橫切小塊。不可過分用力。輕輕斬成肉腐。爲之細切粗斬。否則肉中含有砧墩屑矣。乃入於碗中。拌以陳黃酒醬油薑汁眞粉等。用手取肉腐。合入手掌中。反覆二三次。卽成橢圓形。然後入油鍋中煎之。兩面煎黃。下些陳黃酒醬油青菜食鹽清水等。燒一小時。卽熟。嫩而可口。

注意 青菜亦需先用荳油燒熟。和之爲肥。獅子頭以鎭江爲著名。

第四十二節　火肉丸

材料 火肉六兩。　雞蛋三枚。　麪包軟心二兩。　麪粉少許。　葷油四兩。

器具 鍋一只。　爐一只。　廚刀一把。　筷一雙。　鏟刀一把。　洋盆一只。

製法

將火肉純取精肉。用厨刀切細。和以麪包軟心。打入雞蛋。以筷調和。再加麪粉。團之如球形。然後入熱油鍋中煎之。煎熟。俟冷。食之味美。

注意

火腿以雲腿爲美。

第四十三節　蝦子鮝

材料

鮝魚一條。　葷油二兩。　陳黃酒一兩。　蝦子一杯。　白糖半兩。

器具

鍋一只。　爐一只。　鏟刀一把。　碗一只。

製法

將鮝魚浸於水中。經過一夜。刮去鱗鰓。取出晒乾。即可放入熱油鍋中。祇煎一面。加下陳黃酒。見黃鏟起。盛入碗中。以蝦子鋪於未黃之面。加白糖上鍋蒸之。蒸至一刻鐘。卽可食矣。

注意

夏令備置食之頗美。將鰲魚在鍋中蒸透。其鱗亦易刮去。

第四十四節　茄鰲

材料

茄子五只。　鰲魚半斤。　醬油一兩。　陳黃酒一兩。　白糖少許。　葷油二兩。

器具

鍋一只。　爐一只。　厨刀一把。　臼一只。　碗一只。

製法

將茄子去子。鰲魚洗淨。入臼舂爛。以和爲度。然後入葷油鍋中煎透。加以陳黃酒。再加醬油。燒一透。和以糖。霎時可食。

注意　編者嘗讀紅樓夢。有茄鯗製法。試之果佳。用特介紹於此。以實余編。

第四十五節　雞排

材料　雞一斤。白麪粉半杯。葷油一斤。醬油二兩。陳黃酒二兩。白糖胡椒少許。

器具　鍋一只。爐一只。厨刀一把。鏟刀一把。碗一只。

製法　將雞取其胸肉。用厨刀切成小方塊。蘸滿麪粉。入葷油鍋中炸之。發黃卽就。再放入陳黃酒醬油白糖胡椒之碗中拌之。卽可供食。味甚嫩美。

注意

鴨排豬排牛排法均同。

第四十六節　酒搶鵓鴿

材料
鵓鴿一只。　燒酒一小杯。　陳黃酒一兩。　食鹽半兩。

器具
瓦鍋一箇。　調羹一把。　碗一只。

製法
將鵓鴿用燒酒飲之。卽斃。乃去毛破肚。洗淨後。入瓦鍋中加清水煮之。煮一透。再加些陳黃酒。俟爛。下以食鹽。味鮮無埒。

注意
酒搶雞酒搶鴨均可。其肉潔白。因血回於心也。

第四十七節　炸肫(一)

材料
雞鴨肫半斤。　陳黃酒二兩。　醬油二兩。　酸醋半杯。　食鹽花椒少許。　葷油二兩。

器具
鍋一只。　爐一只。　厨刀一把。　鏟刀一把。　洋盆一只。

製法
將雞肫用厨刀切塊。浸於陳黃酒醬油中。浸漬已透。拌以佳醋。即將葷油鍋燒熱。倒入炒之。加食鹽花椒末。便可食矣。

注意
若以鴨肫。亦可應用。

第四十八節　炸肫（三）

材料

鴨肫半斤。 芡粉一杯。 陳黃酒二兩。 醬油二兩。 葷油二兩。

器具

鍋一只。 爐一只。 厨刀一把。 鏟刀一把。 洋盆一只。

製法

將鴨肫用厨刀切花。用芡粉陳黃酒醬油等拌之。然後再用葷油炸熟。食之亦鮮。

注意

如一時無如許鴨肫。可兼雞鴨肫爲之。

第四十九節 醃豬腰

材料

豬腰子一對。 花椒末一錢。 陳黃酒二兩。 醬油二兩。 麻油少許。

器具

大碗一只。 廚刀一把。 洋盆一只。

製法

將腰子剝去外皮。用廚刀切成二爿。去盡白筋。再切成花。以清水過一二次。浸漬於陳黃酒中。然後將花椒末泡以開水。待其冷卻。入腰花洗浸。撈起用開水泡之。再用陳黃酒醬油蔴油拌之。味之鮮嫩無比。

注意

本食品可免過老嚼不爛之病。醃雞鴨鵝腰法亦同。

第五十節 蟹鬆

材料

常熟潭蕩金爪蟹一斤。 葷油二兩。 陳黃酒一兩。 醬油一兩。 白糖葱薑香料各少許。

器具

鍋一只。　爐一只。　鏟刀一把。　洋盆一只。

製法

將蟹洗淨。扳開後部。嵌入薑片。同紫蘇陳黃酒入鍋白湯煮之。煮熟盛起。剖開拆肉。入鍋加葷油。用文火炒乾。加入醬油白糖葱薑香料等焙乾。取出供食。下粥尤宜。（蝦鬆蛙鬆法亦同。）

注意

金爪又名禁爪。爪發黃金色。爲吾南鄉特產。較之崑山相近之洋澄湖蟹。有過之無不及。特鮮有人注意之耳。編者雅不欲以市儈之行爲爲之張廣告。實吾邑有是美味。不願獨享口福也。夫洋澄湖蟹。幸爲滬人鑑定。毛紅螯大。是其著名。故老饕家居爲奇貨。所謂物不自美。因人而美也。其果遂勝於是蟹乎哉。

第三章　素菜

第一節　青菜荳腐羹

材料

嫩青菜四兩。　荳腐二方。　眞粉半杯。　菜油食鹽白糖少許。

器具

鍋一只。　爐一只。　鏟刀一把。　碗一只。

製法

將青菜揀去黃葉。入水洗淨。即倒入熱油鍋中炒之。再以荳腐切成小塊放下。並下食鹽及清水。再燒一二透。即以眞粉白糖加入。調和可食。

注意

本食品功能和中益氣而養人。

第二節　蒓菜羹

材料

蒓菜一兩。　香菌四只。　白筍半只。　茅荳子一盅。　陳黃酒少許。
食鹽二錢。　蔴油少許。

器具

鍋一只。　爐一只。　刀一把。　碗一只。

製法

將蒓菜放在熱水中過清。再將香菌放好。筍切細絲。茅荳子脫殼。然後入鍋加清水煮之。燒透。加以陳黃酒食鹽。最好用香菌湯煮之。再燒一二透。即可啖矣。

注意

蒓菜略似浮萍。葉圓而味美。

第三節　番茄湯

材料

番茄四兩。　橙子四片。　食鹽少許。

器具

鍋一只。　爐一只。　厨刀一把。

製法

將番茄用厨刀之背。徧擦其皮。然後剝去。切成薄片。入鍋加橙片食鹽煮之。煮熟可食。其味帶酸。有助消化之功。歐美之人。尤好食之。

注意

剝皮用火灼法亦可。

第四節　鹹菜湯

材料

鹹菜半碗。　荳瓣二合。　菜油半兩。　醬油半兩。　白糖大蒜葉少許。

器具

鍋一只。 爐一只。 刀一把。 碗一只。

製法

將鹹菜用刀切細。荳瓣浸胖去皮。一同放入油鍋內。炒其片時。加下醬油及清水一碗。燒透嘗味。和以白糖。撒入大蒜葉。便可供食。

注意

鹹菜不論何種。冬菜皆可。

第五節 荳腐衣湯

材料

荳腐衣四張。 菜油四兩。 醬油湯一碗。

器具

鍋一只。 爐一只。 鏟刀一把。 刀一把。 匙一把。 碗數只。

製法

將荳腐衣用刀切成方塊。用手擠緊成團。放入熱油鍋中氽黃。置於醬油湯中。每碗盛四五箇。味香可口。

注意

本食品亦可稱爲素肉丸湯。

第六節　素肉皮湯

材料

粉皮半斤。　菜油四兩。　醬油一兩。　蔴油數滴。

器具

鍋一只。　爐一只。　鏟刀一把。　刀一把。　大碗一只。

製法

將粉皮用刀切條。入熱鍋內氽鬆。再以湯煮之。加入醬油。起鍋加蔴油。即佳。

注意

若佐以他種作料。或加些蔴菇香菌。尤爲味鮮。

第七節　醃生麪筋

材料

油麪筋十箇。　金針菜半兩。　木耳十只。　醬油二兩。　白糖蔴油少許。

器具

碗一只。　刀一把。　盆一只。

製法

將金針菜木耳在碗中浸胖洗淨。同油麪筋置於盆中。加以醬油白糖蔴油。醃浸一刻鐘。然後可食矣。

注意

辣油糟油酸醋亦可酌量加入。

第八節　醃荳腐

材料　荳腐一塊。　食鹽少許。　糟油半兩。　醬油半兩。　蔴油數滴。

器具　盆一只。

製法　將荳腐洗淸瀝乾水汁。置入盆中。上面糝以食鹽。再加糟油醬油蔴油。爲下粥淸品。

注意　無糟油。乳腐露亦佳。

第九節　醃荳瓣

材料
蠶荳三合。食鹽少許。醬油半兩。蔴油數滴。
器具
鍋一只。爐一只、盆二只。鍋架一箇。
製法
將蠶荳浸胖脫殼。上鍋加食鹽蒸熟。起鍋稍冷。拌以醬油蔴油。味甚清爽也。
注意
放在飯鍋上蒸熟。較爲省便。

第十節　醃辣白菜

材料
白菜一只。醬油一斤。蔴油半斤。芥辣粉三錢。

器具
鍋一只。　爐一只。　刀一把。　鐽刀一把。　缽一只。　洋盆一只。

製法
將白菜用刀剖成四爿。取繩紮住。然後用醬油蔴油入鍋煉熟。盛於缽中。浸入白菜。上面再加芥辣粉封口。越時取食。味甚可口。

注意
先將白菜焯熟浸之亦宜。

第十一節　醃醋筍

材料
竹筍十只。　食鹽半斤。　酸醋一碗。　胡椒末三錢。

器具
鍋一只。　爐一只。　刀一把。　盆一只。

製法
將笋解去其籜。用刀切成寸段。放置盆中。醃以食鹽。越宵取出倒入鍋中。加以酸醋胡椒末。煮數透卽可啗矣。

注意
本食品可以久藏。

第十二節　醃青菓

材料
青菓拾伍枚。　醬油一兩。　蔴油二錢。

器具
鎚一箇。　洋盆一只。

製法
將青菓洗淨。用鎚打鬆。裝入盆中。加以醬油蔴油。拌和食之。爽脆可口。

注意
醉後食之可以醒酒。

第十三節　炒菱頭

材料
菱頭一碗。　菜油一兩。　甜醬一匙。　食鹽白糖少許。

器具
鍋一只。　爐一只。　鏟刀一把。　碗一只。

製法
將菱頭摘取嫩頭。去其根葉。入鍋焯透。用油炒之。加以食鹽及甜醬清水。再燒一透。和以白糖。鏟起供食。

注意
本食品以之蒸炖。或醃食皆可。

第十四節　炒筍鞭

材料

嫩筍鞭十根。　茅荳子一杯。　木耳少許。　荳油半兩。　醬油食鹽白糖各少許。

器具

鍋一只。　爐一只。　刀一把。　鏟刀一把。　碗一只。

製法

將筍鞭用刀切去老頭。再斜切細絲。倒入鍋中鏟之。然後將茅荳子木耳醬油食鹽依次加入。少下清水。燒數分鐘。和以白糖。卽行起鍋食之頗爲甘旨。

注意

筍鞭卽小竹根。用其嫩頭。老者不可用。切宜斜切。不則易老。

第十五節　炒絲瓜

材料

絲瓜五條。　菜油一兩半。　茅荳子一杯。　百葉二張。　食鹽二匙。

器具

鍋一只。　爐一只。　鏟刀一把。　刀一把。　碗鋒一片。　碗一只。

製法

將絲瓜用碗鋒刮去其皮。用刀切成纏刀塊。用菜油入鍋炒之。少時下以茅荳子百葉再加食鹽燒二三透。卽熟。

注意

絲瓜含水分甚多。可不必多加清水。卽用之亦以少爲宜。

第十六節　炒瓜絲

材料

生番瓜四兩。　菜油一兩。　醬油半兩。　食鹽葱屑少許。

器具

鍋一只。　爐一只。　鏟刀一把。　刀一把。　碗一只。

製法

將番瓜去皮切絲。用水洗淨。即入油鍋爆透。加下食鹽醬油葱屑。再炒片時。速即鏟起。嚼味爽齒。

注意

老而酥者味不香脆。

第十七節　炒紅花

材料

紅花一籃。　菜油二兩。　醬油半兩。　食鹽陳黃酒少許。

器具

鍋一只。　爐一只。　鏟刀一把。　碗數只。

製法

將紅花純摘葉莖。洗淨後。倒入油鍋中炒之。下以食鹽陳黃酒。再將碗內先用醬油。澆以燒酒。俟紅花燒熟。卽行拌和之。其味亦鮮。

注意

紅花形同金花菜。開紅花後。則不可食矣。

第十八節　炒菓菜

材料

嫩藕一段。　白菓二十箇。　山藥四兩。　芋艿四兩。　冬笋一只。　茨菇四兩。　荸薺十箇。　百合四合。　栗子二十箇。　松子肉二兩。　胡桃肉四兩。　荔枝十箇。　紅棗十箇。　青菱十只。　白糖一斤。

器具

鍋一只。　爐一只。　鏟刀一把。　刀一把。　碗數只。

製法

將白菓栗子荔枝松子肉青菱冬筍去殼。藕紅棗胡桃肉山藥百合芋艿茨菇荸薺去皮。再將冬筍及藕用刀切片。山藥切斷。入鍋加白糖清水煮之。烹燴成菜。風味頗佳。

注意

常食菓菜。有益衛生。因多蛋白質及脂肪也。

第十九節　炒素肉絲

材料

荳腐乾十塊。　油荳腐十箇。　筍一只。　蔴菇十只。　木耳半兩。　醬油二兩。　食鹽白糖蔴油少許。　菜油二兩。

器具

鍋一只。爐一只。鏟刀一把。刀一把。洋盆二只。

製法

將荳腐乾油荳腐用刀切成細絲。再將蔴菇木耳放好。卽將油鍋燒熱。倒入炒之。爆透。下以醬油及清水。并加食鹽少許。然後再燒。和下白糖。滴入蔴油。就可供應矣。

注意

蔴菇需擦去沙質爲是。

第二十節 燒素盤

材料

南瓜半斤。灰麪一斤。菜油二斤。食鹽一兩。醬油二兩。白糖三錢。

器具

鍋一只。　爐一只。　刮鉋一箇。　厨刀一把。　鏟刀一把。　碗一只。

製法

將南瓜刮去其皮。用刀切成細絲。再以灰麪。用冷水拌和。攪成粃狀。將瓜絲倒入調和。放下食鹽醬油白糖等物。然後將油鍋燒熱。倒下炸之。

注意

汆起油面。卽可嚼矣。

本食品以老嫩適度爲佳。

第二十一節　燒茅荳莢

材料

茅荳二斤。　食鹽六兩。

器具

鍋一只。　爐一只。　鏟刀一把。　剪刀一把。　碗一只。

製法

將茅荳莢採下。用剪刀剪去兩端。和食鹽清水放在鍋中燃火煮熟。以便鏟起供食。色綠而味鮮。

注意

茅荳有粳糯早晚之別。普通約秋間成熟。

第二十二節　燒杏仁荳腐

材料

甜杏仁一碗。　苦杏仁五粒。　荳粉半杯。　糯米粉半杯。　藕粉半杯。

蔴菇八只。　香菌八只。　醬油二兩。　白糖蔴油少許。

器具

鍋一只。　爐一只。　鏟刀一把。　刀一把。　磨一具。　袋一只。　大碗一只。

製法

將甜杏仁及苦杏仁。用水浸胖。脫去其皮。同水磨成泥形。注入袋內。用擠取其汁。然後入鍋蒸之。和以荳粉糯米粉藕粉等。用鏟調和。沸後起鍋。置於冷處。卽成杏仁荳腐矣。再用刀切成方塊。用蔴菇香菌湯先煮一透。然後加入荳腐蔴菇香菌醬油等。闢蓋燒一透。和些白糖。卽可盛起。再灑少許蔴油。入口啖之。味之鮮嫩。莫之與京。且有清心斂肺之效。

注意

本食品純用甜杏仁則無味。不及苦杏仁味長。然多用苦杏仁亦有毒質。故以少用爲是。

第二十三節　燒八寶荳腐

材料

荳腐四塊。　蔴菇六只。　香菌十只。　扁尖少許。　松子肉半兩。　瓜子肉半兩。嫩笋一只。荸薺五枚。菜油二兩。陳黃酒半兩。醬油二兩。食鹽白糖蔴油胡椒末各少許。

器具

鍋一只。爐一只。鏟刀一把。刀一把。大碗一只。

製法

將荳腐用水過清。用刀切成方塊。再將蔴菇香菌扁尖等預先放好。嫩笋荸薺切片。然後將油鍋燒熱。一同倒入煎透。糝些食鹽。加下陳黃酒。闗蓋後。再加醬油及清水少許。燒二透。加白糖。起鍋另加蔴油胡椒末。噉味頗佳。

注意

放蔴菇香菌等之水。可以頂脚取用。同煮最鮮。

第二十四節 素燒獅子頭

材料

荳腐五塊。蔴菇十只。香菌十只。眞粉半碗。葱屑少許。菜油三兩。食鹽蔴油白糖少許。陳黃酒半兩。醬油三兩。

器具

鍋一只。爐一只。鏟刀一把。刀一把。碗一只。

製法

將荳腐瀝乾水汁。再將蔴菇香菌放好。用刀切細。葱薑亦需切屑。一同拌入荳腐內。加以眞粉。調和後。做成圓餅。用熱油鍋煎之。糝些食鹽煎透。下以陳黃酒。關蓋片時。再加醬油清水。燒數透。加糖嘗味。即可供食矣。

注意

本食品可做成小圓形。即稱素肉丸。

第二十五節　汆素蝦鬆

材料　香荳腐乾四塊。　金針菜一兩。　荳腐衣三張。　麪粉一碗。　葱屑少許。

器具　鍋一只。　爐一只。　鏟刀一把。　刀一把。　碗一只。　盆一只。

製法　將香荳腐乾用刀切成細絲。然後同金針菜。包以荳腐衣。用葱屑麪粉糊拌之。再入熱油鍋汆之。黃鬆即就。

注意　啖之香脆。或用醬蔴油蘸食之。

第二十六節　炖鹽水

材料
麪粉一碗。　鹽水一碗。　菜油二盅。　茅荳子半碗。　大蒜葉少許。
器具
鍋一只。　爐一只。　大碗一只。
製法
將麪粉用鹽水調和。加些清水。成薄糊狀。放入茅荳子。再傾下菜油入鍋炖之。飯熟亦熟。食時酌加大蒜葉細屑。味亦肥美。俗稱素蹄狀。老年人喜食之。
注意
本食品用之鹽水。最佳用雪裏蕻鹽水。因味鮮而適口也。

第二十七節　紅燒蘿蔔絲

材料

蘿蔔二箇。百葉三張。菜油一兩。醬油半兩。食鹽二錢。辣虎醬一匙。白糖少許。碱水少許。

器具

鍋一只。爐一只。鏟刀一把。刀一把。碗二只。布一塊。

製法

將蘿蔔用布洗淨泥污。用刀切成條絲。盛器候用。再將百葉亦用刀切成細絲。將熱碱水捏過。旋卽撩起。瀝去水汁。然後燒熱油鍋。一同倒入炒之。隨手加以食鹽。隔片時下以醬油及清水。再關鍋蓋燒二透。和以白糖嘗味。將起鍋時。加下辣虎醬少許。及大蒜葉細屑。霎時便可供啗矣。亦頗有美味。

注意

市上所售百葉。大都質地粗硬。食之乏味。故以碱水泡之。自覺柔軟適口耳。

第四章 鹽貨

第一節 鹽火腿

材料 豬腿一只。 食鹽一斤。 硝石少許。 砂糖二兩。 香料少許。 粃糠一斤。

器具 缸一只。 熏缸一只。 稻柴一束。

製法 將豬腿擦以食鹽。置於缸中。經十日後。以硝石擦之。浸入砂糖香料之鹽水中。再過半月。撈起懸掛。用粃糠燃熏缸熏之。熏一月。用稻柴磨擦其皮。至香氣透出。色澤赤褐。卽成。

注意
腿多時可以另置燻室以燻之。惟不可通風。

第二節　鹽臘腿

材料
豬腿一只。　食鹽三斤。　陳黃酒半斤。　花椒一兩。　甜醬一碗。

器具
缸一只。　大石頭一塊。

製法
將豬腿放入缸內。四面用食鹽擦之。鋪以花椒。同時灌以陳黃酒。用大石頭壓結。月餘取出晒乾。塗以甜醬。再晒。卽成臘腿。

注意
鹽臘腿和鹽臘肉。同一手續。故不另載。

第三節　臘臘

材料　豬大臟一付。坐臀肉二斤。陳黃酒四兩。醬油六兩。食鹽一兩。

器具　鍋一只。爐一只。筷一只。厨刀一把。酒碗一只。

製法　將大臟用筷翻轉。用食鹽擦淨。兩端結線吹膨之風一夜。將肉用刀切成骨牌塊。用陳黃酒醬油食鹽等。先浸二日夜。然後塞入大臟內。以線紮住。掛於簷下通風處。越數月卽成。食時。或煮湯或炖蛋。味頗鮮美。

注意　臘臟需在臘月裏做成。故稱臘臟。

第四節　鹽腸臟

材料

腸臟一付。　食鹽一斤。　陳黃酒四兩。　花椒半兩。

器具

鍋一只。　爐一只。　斗頭缸一只。　荷葉二張。　石頭一塊。

製法

將腸臟擦以食鹽少許。用清水洗淨。逐段套好。倒入鍋內。同時加些黃酒。關蓋焯他一透。再用清水過清。然後傾入缸內。撒以食鹽陳黃酒花椒等。蓋以荷葉。把石頭壓緊。愈重愈佳。月餘卽可烹食矣。

注意

腸臟越大越好。

第五節　鹽肚子

材料

肚子一只。　陳黃酒半兩。　食鹽半斤。　花椒少許。

器具

鍋一只。　爐一只。　斗頭缸一只。　石一塊。

製法

將肚子用食鹽擦去脂膩。倒入鍋內。關蓋焯一透。用水過清。然後放入缸內。灌以黃酒。和入食鹽花椒等。用石壓結卽佳。

注意

肚子急宜用水焯透。否則不免臭味。

第六節　鹽雞蛋

材料

雞蛋四十個。　食鹽四兩。　高粱酒四兩。　爐底灰一升。　熱水半杯。

器具

罎一箇。雷盆一箇。小木鎚一箇。筍籜四張。

製法

先將食鹽倒入雷盆內研細。然後用高粱酒爐底灰等。用熱水一同拌和。再將雞蛋逐一洗淨。然後個個徧塗爐底灰。塗就隨卽上罎。以笋籜紮緊其口。再塗以泥。月餘可食。

注意

鹽雞蛋宜於冬令。若夏秋時之雞蛋。都不適用。味又不美。

第七節　鹽鵝蛋

材料

鵝蛋三十個。食鹽半斤。高粱酒四兩。爐底灰一升。

器具

罎一個。雷盆一只。笋籜三張。

製法
將鵝蛋入水洗淨。再將食鹽高粱酒爐底灰等。一起拌和。然後將鵝蛋一一偏塗以灰。塗就便卽上罎。把笋籜固封其口。再擋以泥。月餘能食。

注意
若將蛋罎日晒夜露。食時味更出色。

第八節　鹽板鴨

材料
鴨一只。　食鹽半斤。　陳黃酒四兩。　花椒香料各若干。

器具
斗頭缸一只。　厨刀一把。　鼓墩石一塊。　乾荷葉一張。

製法
將鴨用刀殺好。泡以透水。去毛洗淨。瀝乾水分。放入缸內。灌以陳黃酒。

同時加入花椒香料等。鋪以荷葉。然後把鼓墩石壓緊。即可成矣。

注意

鴨以大雄鴨爲佳。著名以南京爲最。煮法以鴨煮一沸。即浸入冷水中。如是再煮再浸。凡三次。然後用文火燒熟。則不縮。且可免皮裂油走矣。

第九節　鹽紅花

材料

紅花十斤。　食鹽二斤。　大茴香一兩。

器具

缸一只。　罎一箇。　籩一只。　柴緶數條。　雷盆一箇。

製法

將紅花去根洗淨。用食鹽醃入缸內。隔四五日。撈起瀝乾。鋪入籩內。晒之微乾。加以茴香。盛入罎內。以柴緶塞緊其口。翻身合於雷盆內。二旬之後。即可取食。

注意 若不用雷盆。可用笋籜固封其口。再塗以泥。使不洩氣。較雷盆爲佳。

第十節 鹽西瓜翠

材料 西瓜翠十斤。 食鹽三斤。

器具 缸一只。 厨刀一把。 石一塊。

製法 將西瓜翠用厨刀切成薄片。放入缸內。撒以食鹽醃之。把石頭壓好。隔數日。便可取食。爽脆異常。

注意

西瓜翠就是西瓜皮之故名。

第十一節　鹽膠菜心

材料

膠菜二十斤。　食鹽三斤。　甘草末一兩。　香料少許。

器具

缸一只。　石一塊。

製法

將膠菜剝去外葉。純用其心。用清水洗淨。和入食鹽甘草末香料等。一併放入缸內。上面壓以石頭。夏時取食。味甚清爽。

注意

膠菜以膠州爲最著。

第十二節　鹽黃瓜乾

材料

黃瓜十斤。　食鹽三斤。

器具

缸一只。　刀一把。　鼓墩石一塊。

製法

將黃瓜用刀切開。挖去其子。入水洗淨。放於缸中。以食鹽醃之。上面將鼓墩石壓緊。約一二日。取出晒乾。食之爽脆可口。

注意

黃瓜以小嫩爲佳。

第十三節　鹽乾菜

材料

油菜二十斤。　食鹽三斤。　八角茴香二兩。

器具

缸一只。　重石頭一塊。　木棒鎚一根。　罎一箇。　雷盆一箇。

製法

將油菜洗淨吹乾。放入缸內。用食鹽醃勻。以石壓緊。約一星期。撈起晒乾。然後每把作成一團。逐一放入罎內。層層洒以八角茴香末。俟滿以木鎚塞結。上面以柴圈塞其罎口。翻身合於雷盆內。便可成熟。

注意

凡鹽各種乾菜。鹽法皆同。均不備載。

第十四節　鹽馬蘭頭

材料

馬蘭頭十斤。　食鹽二斤。　大茴香一兩。

器具

缸一只。　罎一箇。　籮一只。　雷盆一箇。

製法

將馬蘭頭揀好洗淨。用食鹽醃勻。隔三五日。撈起瀝乾。放入籮內。待至微乾。加以茴香。裝入罎內。俟至滿罎。以柴緶堅塞其罎口。然後將罎翻身。合於雷盆內。加些清水。便卽成熟。

注意

鹽馬蘭頭。食之可解喉痛。

第十五節　鹽瓜乾

材料

白皮瓜五斤。　食鹽一斤。

器具

缽一箇。　鼓墩石一塊。　篩一只。

製法

將白皮瓜切成細條。倒入鉢內。用食鹽醃勻。上面蓋以鼓墩石壓結。隔三天。將其取出。舖於篩內。向日光中晒乾。隨時可食。爽脆可口。

注意

若以瓜乾切成細屑。加以素油白糖。在飯鍋上蒸。食味亦絕倫。

第十六節　鹽冬菜

材料

冬菜二十斤。　食鹽三斤。　八角茴香二兩。

器具

缸一只。　大石頭一塊。　罎一箇。　笋籜三張。

製法

將冬菜洗淨。傾入缸內。層層以食鹽醃勻。壓以大石。旬日取出。放於日中。俟至微乾。和入食鹽八角茴香。每把作成一團。逐一傾於罈內。盛滿之後。固封其口。再擋以泥。月餘便能取食。

注意

食時或加以菜油。入鍋蒸透。味亦不惡。

第十七節　鹽糖大蒜頭

材料

大蒜頭五斤。　食鹽一斤。　甘草末一兩。　赤砂糖半斤。

器具

罈一箇。　雷盆一箇。　筝籜三張。

製法

將大蒜頭去梗洗淨。用食鹽醃入罈內。隔日。加以甘草末赤砂糖等。然後把筝籜紮緊其口。翻身合入雷盆內。置放露天。隔月就可取食矣。

注意
大蒜頭以嫩爲佳。如不用糖。則成鹹大蒜頭矣。

第十八節　鹽五香蘿蔔

材料
洋花蘿蔔十斤。食鹽二斤　陳黃酒一斤。赤砂糖一斤。甘草末一兩。茴香末一兩。

器具
缸一只。罎一箇。籮一只。廚刀一把。箏籓四張。石一塊。

製法
把洋花蘿蔔一一洗淨。用廚刀切成細條。放於籮內吹乾。然後鹽在缸中。再蓋石壓緊。過夜撈起。晒之微乾。再藏缸內。壓之過夜。仍撈起吹乾。然後把甘草末茴香末等。和蘿蔔乾拌和。再和以赤砂糖黃酒等。藏入罈內。紮緊其口。再塗以泥。月餘便可取食。香脆絕倫。

注意

蘿蔔須揀小嫩。過大過老。都不適用。極宜注意。

第五章 糟貨

第一節 糟鹽黃魚

材料

鹽黃魚十斤。 陳黃酒一斤。 甜酒釀五斤。

器具

罈一箇。 笋籜三張。

製法

將鹽黃魚晒乾。逐條蘸以陳黃酒。俟至吹乾。再徧塗甜酒釀。裝入罈內。以笋籜紮緊其口。再擋以泥。二月即能食矣。

注意

鹽黃魚晒來越乾越香。若將鮮魚糟於高粱燒和糖精之混合汁中。少時卽成。迅速異常。

第二節　糟嘉興鴨蛋

材料

鴨蛋五十個。　大酒糟六斤。　食鹽二斤半。

器具

罎一箇。　笋籜三張。

製法

將大酒糟以食鹽拌和。然後將鴨蛋徧塗以糟。塗就之後。逐一放入罎內。紮緊其口。再塗以泥。置於露天。一月有餘。卽可食矣。

注意

此蛋用以佐粥。最爲相宜。

第三節　糟雞蛋

材料

雞蛋六十箇。　香糟五斤。　食鹽二斤半。

器具

罎一箇。　箬簭三張。

製法

將香糟搾乾酒分。以食鹽拌和。然後將雞蛋一一放入。徧塗均勻。塗就之後。逐一放入罎內。俟滿固封其口。使不洩氣乃佳。月餘便能食矣。

注意

糟雞蛋宜於冬令。蛋以新鮮爲佳。

第四節　糟鴨

材料
鴨一只。　食鹽半斤。　花椒一兩。　陳黃酒半斤。　白酒糟三斤。

器具
斗頭缸一只。　罎一箇。　鼓墩石一塊。　乾荷葉二張。　箏簭三張。

製法
將鴨殺好。泡以透水。去毛去腸。入水洗淨。吹乾水分。傾入缸內。以食鹽醃好。同時撒以花椒。倒以黃酒。上面將鼓墩石壓結。約一星期。撈起瀝乾。掛於檐下。使之吹乾。四面徧塗以糟。收入罎內。將箏簭固封其口。且擋以泥。約一月餘。便能烹煮食矣。

注意
糟時沒有酒釀糟。可用大酒糟代之亦佳。

第五節　糟鹽肉

材料

鮮肉十斤。　食鹽二斤半。　酒釀糟四斤。

器具

缸一只。　重石頭一塊。　乾荷葉二張。　罎一箇。　箏[illegible]三張。

製法

將鮮肉傾入缸內。以食鹽醃勻。上面鋪以荷葉。再用重石頭壓緊。越八九日。撈起瀝乾。晒於日中。俟乾之後。徧塗以糟。收入罎內。紮緊其口。再擋以泥。他日取食。勝於火肉。

注意

鮮肉鹽時。不可下水洗汰。否則恐乏鮮味。

第六節　糟牛肉

材料

鮮牛肉十斤。食鹽二斤半。陳黃酒半斤。大茴香六只。大酒糟四斤。

器具

缸一只。罎一箇。重石頭一塊。乾荷葉三張。箏箬三張。

製法

將牛肉偏擦以食鹽。傾入缸內。以食鹽醃勻。和以陳黃酒香料。再蓋荷葉。將石頭重重壓緊。七八日後。隨即撈起。掛於檐下。俟其晒乾。置於罎內。偏塗以糟。固封其口。再塗以泥。月餘可食。

注意

凡屬糟雞糟魚等。需晒來越乾越香。即是一定之方法。

第七節　糟豬舌頭

材料

豬舌頭十箇。陳黃酒四兩。醬油半斤。白糖一兩。甜酒糟二斤。

器具

鍋一只。爐一只。厨刀一把。罈一箇。箏籂三張。

製法

將豬舌頭用厨刀刮去其穢。漂洗潔淨。倒入鍋內。放以黃酒。燒煮一透。再下醬油。二透之後。用白糖和味。味和之後。即可撈起。然後將甜酒糟倒入罈內。把豬舌頭糟於糟中。紮緊其口。他日取食。用厨刀切成薄片。裝入碗內。加以醬油蔴油。食之淸爽。味亦鮮美。

注意

豬舌頭燒時不可多燜。多燜則易老。味反不美。

第八節　糟臘腿

材料

豬腿一只。食鹽四斤。陳黃酒一斤。花椒一兩。甜醬一碗。大酒糟四斤。

器具

缸一只。乾荷葉二張。重石頭一塊。大罎一箇。箬籜四張。

製法

將猪腿放入缸內。加入食鹽陳黃酒花椒等。鋪以乾荷葉。用重右頭壓結。二星期後。撈起瀝乾。塗以甜醬。晒於日中。俟乾之後。再塗以糟。收入罎內。將箬籜固封其口。再擋以泥。月餘取食。勝於火腿十倍。

注意

糟臘腿和糟臘肉同一手續。另不俱載。

第九節　糟腸臟

材料

腸臟一付。　陳黃酒四兩。　食鹽一斤。　花椒一兩。　黃酒香糟二斤。

器具

鍋一只。　爐一只。　斗頭罈一箇。　箏箬三張。

製法

將腸臟入水洗清。大腸與小腸逐段套好。倒入鍋內。加以陳黃酒清水。關鍋蓋燃火燒之。隨卽撈起。再用冷水過清。然後將陳黃酒食鹽花椒香糟等。一起拌和。倒入罈內。傾入腸臟。將箏箬紮緊罈口。再擋以泥。使不洩氣。乃佳。隔月可食。

注意

腸臟焯一透爲度。

第十節　糟豬頭

材料

豬頭一箇。陳黃酒一斤。食鹽二斤。花椒一兩。大酒糟四斤。

器具

二斗缸一只。鐵刀一把。乾荷葉二張。大石頭一塊。罎一箇。

箏籜三張。

製法

將豬頭用鐵刀斫成兩爿。放入缸內。倒以陳黃酒。以食鹽醃勻。四面摻以花椒。上面將荷葉鋪好。以石頭壓結。越七八日。撈起瀝乾。晒於檐下。俟乾之後。徧塗以糟。隨即上罎。紮緊其口。再塗以泥。月餘可食。

注意

市上的醃豬頭。糟而食之。味更香美。

第十一節　糟田螺

材料

田螺五斤。陳黃酒四兩。食鹽斤半。大酒糟二斤。

器具

鍋一只。爐一只。罎一箇。箬籜三張。

製法

將田螺洗淨。倒入鍋內。加以陳黃酒。關鍋蓋燒煑一透。隨卽盛起。用冷水過清。然後將食鹽和酒釀糟拌和。倒入罎內。傾以田螺。將箬籜固封其口。再塗以泥。他日取而食之。味美無比。

注意

田螺須預先養清。否則不免汚泥。亦宜注意。

第十二節　糟蔯荳芽

材料

蔯荳芽二斤。黃酒香糟一斤。蝦子醬油四兩。食鹽半斤。

器具

鍋一只。爐一只。缽一箇。蔴布袋一箇。油紙一張。

製法

將菉荳芽去根洗淨。倒入鍋內。下以清水。煮一透。和以蝦子醬油及食鹽。再透便熟。盛入缽內。中挖一潭。用黃酒香糟包入蔴袋內。亦浸於缽內。將油紙固封其缽口。少時食之香美可口。

注意

糟菉荳芽爲夏令佳品。

第十三節　糟蘆筍

材料

蘆筍十只。食鹽半斤。黃酒香糟二斤。

器具

罈一箇。　廚刀一把。　笋籜三張。

製法

將蘆笋剝去其殼。切成細條。再將食鹽黃酒香糟拌和。倒入罈內。然後以笋條糟入糟內。將笋籜固封其口。他日取食。香脆異常。

注意

若以糟蘆笋切成細絲。加以醬油蔴油。上鍋蒸食。味亦適口。

第十四節　糟枸杞頭

材料

枸杞頭五斤。　食鹽一斤。　甜酒糟二斤。

器具

鍋一只。　爐一只。　鉢一箇。　罈一箇。　笋籜二張。

製法

將枸杞頭入水洗淨。倒入鍋內。和以淸水。關鍋蓋燒煮一透。隨卽撈起。用冷水過淸。倒入缽內。以食鹽醃勻。隔夜取出。瀝乾其水。俟至微乾。傾入糟內。封口塗泥。旬餘可食。

注意

枸杞頭能治目疾。食之頗爲有益。

第十五節 糟芋艿

材料

芋艿十斤。 食鹽一斤。 白酒釀糟五斤。

器具

鍋一只。 爐一只。 臼一只。 罎一箇。 箏籜三張。

製法

將芋艿用杵去其皮。用水洗淨。倒入鍋內。和以淸水。關蓋燒煮二透。下以食鹽。改用文火。帶燜帶燒。待至微爛。隨卽盛起。塗以酒糟。收入罎內。紮緊其口。再擋以泥。月餘可食。

注意

糟芋艿比糟乳腐。味道更加出色。不信請爲試之。

第十六節　糟百葉結

材料

百葉二十張。　蝦子醬油四兩。　茴香末半兩。　香糟一斤。

器具

鍋一只。　爐一只。　鉢頭一箇。

製法

將百葉打結。用熱水過淸。入鍋燒透。和以醬油香料。再燒便熟。盛入鉢內。蓋以香糟。隔夜取食。香美適口。

注意

食時若加菌油。味道更爲佳美。

第十七節　糟茭菇

材料

茭菇五斤。　食鹽一斤。　大酒糟二斤。

器具

鍋一只。　爐一只。　罎一箇。　笋籜三張。

製法

將茭菇入水洗清。倒入鍋內。和以清水。燒煮數透。以爛爲度。隨卽撈起。剝去其皮。然後用食鹽大酒糟拌和。傾入罎內。將茭菇糟於糟中。以笋籜固封其罎口。塗泥爲佳。半月能食。

注意

糟茭菇較糟芋艿。味道還要佳美。上法係編者日常經驗而發明。不信可嘗試之。

第六章　醬貨

第一節　造辣醬油

材料　嫩辣茄十只。　醬油一斤。

器具　玻璃瓶一箇。　厨刀一把。

製法　將嫩辣茄去蒂。用刀剖開。再去其子。浸入醬油瓶中。塞緊其口。月餘可用。

注意

若用辣茄粉尤佳。醬油製法。詳第一編造醬欄內。市上之辣醬油。大都英美二國製造。上海先施永安有售。

第二節　造甜蜜醬

材料

蠶荳三升。　洋麪粉四斤。　食鹽三斤。　清水一桶。

器具

鍋一只。　爐一只。　篩一只。　五斗缸一只。　醬爬一箇。

製法

將蠶荳浸於缸內。過夜撈起。剝去其殼。入鍋燒爛。用洋麪粉拌和。做成、餅形。再入鍋燒煮二透。便卽撈起。鋪於篩內。越六七日。待起霉毛。晒於日中。愈乾愈妙。先晒鹽湯。然後下缸。時用醬爬翻轉。月餘便熟。

注意

下缸時。須擇天氣晴明。否則恐生微蟲。色又不佳。

第三節　造黃荳末醬

材料

黃荳五升。　乾麪一斤。　食鹽四斤。　清水一桶。

器具

鍋一只。　爐一只。　手磨一具。　二斗缸一只。　醬爬一箇。

製法

將黃荳入鍋炒鬆。研成細末。再入鍋內。和以乾麪清水。同時加下食鹽。燒煮數透。盛入缸內。晒於日中。時用醬爬翻身。月餘成熟。

注意

黃荳末醬。其味甚香。食時和以砂糖。味道更形鮮美。

第四節　造荳瓣醬

材料

蠶荳四升。　乾麪二斤。　食鹽三斤。

器具

鍋一只。　爐一只。　缸一只。　醬耙一箇。

製法

將蠶豆浸入缸內。過夜撩起。剝去其殼。倒入鍋內。和以清水。以硬火燃燒。以爛爲度。下以乾麪拌和。再燜片刻。隨卽盛入缸內。俟起霉毛。晒於日中。閱三四日。然後下缸。用鹽湯泡入。晒月餘。卽可成熟。

注意

豆既下缸。須日晒夜露。以清熱毒。亦宜注意。

第五節　醬牛肉

材料

牛肉二斤。醬油六兩。文冰三兩。葱薑屑少許。紅米茴香花椒各若干。

器具

鍋一只。爐一只。夏布袋一箇。碗一只。

製法

將牛肉用清水洗淨。淯在醬油內。過夜撈起。然後將紅米香料花椒等。包入夏布袋內。和葱薑清水等。入鍋燒之。見其將爛。卽以文冰撒下。收露再燜。少時。俟其湯水濃厚。便可鏟起。以備供食。其味之美。罕有倫比。

注意

牛肉煮時。須用炭火。若用柴火。恐不易爛。

第六節　醬黃瓜仁

材料

嫩黃瓜三斤。 醬四斤。 食鹽半斤。

器具

斗頭缸一只。 缽一箇。 篩一只。

製法

將嫩黃瓜洗淨。去蒂。鹽入缽內。隔夜撈起。吹於篩中。俟至微乾。醬入醬內。他日取食。爽脆異常。

注意

黃瓜愈小愈好。若黃老之類。均不適用。

第七節 醬白皮瓜

材料

白皮瓜五斤。 食鹽一斤。 醬四斤。

器具

斗頭缸一只。篩一只。

製法

將白皮瓜破開。挖去其子。以食鹽醃勻。過夜取去。鋪於篩內。置於日中吹乾。待乾之後。醬入醬內。旬日取食。清爽可口。為夏令食品。

注意

醬瓜晒時。不可過乾。亦不可過濕。過乾食之不脆。過濕難免醬酸。

第八節　醬荳腐乾

材料

香荳腐乾三十塊。甜蜜醬二斤。

器具

罎一箇。厨刀一把。

製法

將香荳腐乾用厨刀切開。和以甜醬。裝入罎內。三四日。便可取食。

注意

荳腐乾以南京爲最好。吾鄉常熟之山泉荳腐乾。亦極著名。

第九節　醬沿籬荳

材料

沿籬荳十斤。　食鹽斤半。　次醬三斤。　甜醬四斤。

器具

罎一箇。　小缸一只。

製法

將沿籬荳去筋。倒入缸內。以食鹽醃勻。越三四日取出。晒至微乾。投以次醬缸中。半月取出洗淨。再以甜醬醬之。二旬可食。味美適口。

注意

沿籬荳不以次醬醬之。則不入味。不用甜醬套之。則味不鮮。

第十節　醬蘿蔔

材料

洋花蘿蔔十斤。　食鹽三斤。　甜蜜醬三斤。

器具

斗頭缸一只。　厨刀一把。　石頭一塊。

製法

將蘿蔔用清水洗淨。用厨刀切成細條。倒入缸內。以食鹽醃勻。將石頭壓緊。鹽至三日。撈起瀝乾。俟至微乾。以醬醬之。半月取食。爽脆異常。

注意

蘿蔔若遇天氣寒冷。必致冰空。今有一法。以蘿蔔藏入紹罎內。固封其口。使不洩氣。則蘿蔔不致冰空矣。

第十一節　醬茄乾

材料　茄子十斤。食鹽一斤。甜醬一罈。

器具　缸一只。石一塊。

製法　將茄子破開。挖去其子。以水洗淨。醃入缸內。將石壓緊。二日取出。晒至微乾。收入罈內。以醬醬之。半月能食。

注意　茄子醬後。不可缺鹽。淡則醬霉。並以醬罈日晒夜露。否則恐生醬蟲。更宜注意。

第十二節　醬蠶荳

材料

蠶荳一升。　菜油二兩。　砂糖一兩。　甜蜜醬一碗。

器具

鍋一只。　爐一只。　鏟刀一把。　大碗一只。

製法

將蠶荳浸透吹之微乾。倒入鍋內。用武火燃燒。將鏟亂鏟。炒至鬆黃。下以清水一透之後。下以菜油。再燒一透。卽用砂糖和入。起鍋時。加以甜醬。炒一翻身。便可起鍋。盛入碗內。以備供食。味甚甜美。

注意

起鍋時若加以木樨米一撮。味更芬芳。較市上所售者爲佳。木樨米卽木樨醬。製法參看第二編糖貨欄木樨醬一節內。

第七章　熏貨

第一節　燻牛肚

材料　牛肚子一只。食鹽二錢。菜油兩半。蔴油二錢。葱屑少許。茴香末若干。木屑一斤。

器具　鍋一只。爐一只。洋盆一只。燻缽一箇。燻架一箇。廚刀一把。

製法　將牛肚子翻身。用廚刀刮去其污穢。洗浸漂淨。倒入鍋內。用水煮之。待沸。下以食鹽。然後帶燜帶燒。見其已爛。隨卽撈起。鋪上燻架。燃木屑燻之。時翻其身。徧黃乃佳。食時。用刀切絲。以葱屑和入醬油。再用熱油澆之。以作蘸肚之用。（羊肚製法同）

注意

將肚子翻身後。需用食鹽徧擦。以打去臭味。然後漂洗乃佳。

第二節　燻鯉魚

材料

鯉魚三斤。　陳黃酒四兩。　醬油半斤。　葱屑若干。　菜油斤半。　茴香末少許。　木屑一升。

器具

鍋一只。　爐一只。　厨刀一把。　大洋盆一只。　大碗一只。　鉢頭一箇。　燻架一箇。

製法

將鯉魚切片。洗汰潔淨。和以陳黃酒醬油葱屑等。淯於大洋盆內。霎時。取出。再把油鍋燒熱。乃以魚片投入煎之。待透撈起。舖於燻架。以火燃木屑。將燻架罩上燻之。越時翻身。使不枯焦。燻就取出。拌以葱油（就是鍋內煎魚之油）便可供食味香而美。

注意

魚片不可多燻。以防燻焦。色不雅觀食之乏味。

第三節　燻五香鱖魚

材料

鱖魚一尾。　食鹽一兩。　甜醬一碗。　茴香末川椒末少許。　菜油二兩。　木屑一斤。

器具

鍋一只。　爐一只。　鏟刀一把。　洋盆一只。　燻缽一箇。　燻架一箇。

製法

將鱖魚去鱗剖腹。洗淨擦鹽。越半日。再用甜醬加茴香末川椒末塗之。隔三四日。取出去醬。入油鍋煎之。煎透。上架燻之。味美無倫。

注意

若用青魚鯿魚鯽魚等亦佳。

第四節　燻鵝

材料

鵝一只。　醬油六兩。　陳黃酒四兩。　食鹽二兩。　菜油半斤。　小茴香末若干。　白糖一兩。　葱屑少許。　木屑一升。

器具

鍋一只。　爐一只。　厨刀一把。　大碗一箇。　燻缽一只。　燻架一箇。

製法

將鵝殺好。去其毛腸。入水洗淨。將油鍋燒熱。傾入鍋內爆透。下以陳黃酒。及香料。再透下以食鹽。三透用白糖和味。同時加下葱屑。然後用文火燜之。俟爛撈起。置上燻架。以火燃木屑。將燻架罩上燻之。徧黃爲佳。

食時蘸以醬油蔴油。其味無窮。

注意

將鵝入鍋燒熟。宜緊湯爲佳。

第五節　燻獅子頭

材料

豬肉二斤。陳黃酒半兩。醬油四兩。食鹽半兩。菜油三兩。白糖一撮。葱屑少許。木屑一斤。

器具

鍋一只。爐一只。厨刀一把。燻缽一箇。燻架一箇。洋盆一只。

製法

將豬肉去皮。用刀斬爛。同時和以陳黃酒醬油食鹽葱屑等。一併斬和後。以手做成圓形。入鍋煎透。以徧黃爲佳。然後上架燻之。燻就食之。其味極佳。

注意

豬肉以揀瘦肥各半爲上。

第六節　燻鰵條魚

材料

鰵條魚一斤。　菜油二兩。　醬油四兩。　陳黃酒二兩。　木層一斤。

葱屑薑末各若干。　蔴油二錢。

器具

鍋一只。　爐一只。　燻缸一只。　燻架一箇。　洋盆一只。

製法

將鰵條魚揀好。入水洗淨。和以醬油陳黃酒葱屑薑末等淆浸於洋盆中。越時撈起。倒入熱油鍋中爆之。視其透熟。隨卽盛起。舖燻架上。燃火燻之。時翻其身。再塗以醬油蔴油。以防枯焦。視其一面將黃。再翻轉燻之。燻就。卽可食矣。

注意

鰵條魚燻時。或塗以甜醬。味亦佳美。

第七節　燻鴿蛋

材料

鴿蛋二十枚。　醬油三兩。　香料少許。　木屑一升。

器具

鍋一只。　爐一只。　燻鉢一箇。　燻架一箇。　大洋盆一只。

製法

將鴿蛋洗淨。和白水入鍋燒透。剝去其殼。再入雞湯內燒之。（肉湯代之亦佳。）一透撈起。上架燻之。徧黃乃佳。

注意

鴿蛋不可多燻。多燻則焦。色不雅觀。味又不美。燻時急宜注意。如殼不易剝去。可參看第二章第二十八節內。

第八節　燻黃雀

材料

黃雀十只。　菜油兩半。　醬油三兩。　陳黃酒一兩。　蔴油一兩。　葱薑末小茴香各若干。　木屑一升。

器具

鍋一只。　爐一只。　燻缽一只。　燻架一箇。　西式盆子一只。

製法

將黃雀殺好。去其毛腸。用熱水洗淨。然後將油鍋燒熱。入鍋爆透。下以陳黃酒。再燒一透。將醬油蔴油葱薑末香料等。一併加入。三透便熟。隨即撈起。攤開於燻架上。以火燃木屑。移上燻之。再塗以醬油蔴油。使不枯焦。偏黃即佳。

注意

食時蘸以甜蜜醬。味尤濃厚。

第九節　燻雞肝雜

材料

雞肝雜四付。　菜油一兩。　陳黃酒半兩。　醬油二兩。　蔴油二錢。

小茴香末若干。　木屑一斤。

器具

鍋一只。　爐一只。　燻缽一箇。　燻架一箇。　洋盆一只。

製法

將雞肝雜洗淨。入鍋爆透。下以陳黃酒清水等。（水不可多。一杯足矣。

）再透下以香料。三透燜之。便能成熟。將肝雜移入燻架。然後燃火燻之。偏黃爲佳。食時用醬油蔴油蘸之。味更出色。（鴨肝雜燻法同）

注意

本食品較市上所售之雞蒸肝鴨蒸肝爲佳。

第十節　燻海蝦

材料

海蝦一斤。　陳黃酒二兩。　菜油半斤。　醬油四兩。　蔴油二錢。　茴香末少許。　木屑一升。

器具

鍋一只。　爐一只。　燻缽一箇。　燻架一箇。　大洋盆一只。

製法

將海蝦去脚洗淨。用醬油陳黃酒淯之。再入油鍋內煎透。加下陳黃酒醬油等。少時鏟起。徧塗蔴油茴香末。鋪於架上。以木屑燻之。霎時。便可啖矣。

注意

海蝦卽鹹水蝦。又名龍蝦。

第十一節 燻醬鴨

材料

潮鴨一只。 醬油半斤。 陳黃酒四兩。 食鹽二兩。 菜油半斤。 蔴油四錢。 葱薑紅米花椒料皮茴香各少許。 木屑一斤。 文冰二兩。

器具

鍋一只。 爐一只。 厨刀一把。 洋盆一只。 燻缸一只。 燻架一箇。

製法

將鴨殺就。去其腸毛。用水洗淨。淯浸醬油內。約一日。取出同葱薑陳黃酒清水等。入鍋煮之。再以紅米茴香花椒料皮等包袋加入。即用文火徐徐燒之。將爛倒下文冰收成濃厚之露。隨即鏟起。上燻架燻之。燻透即可食矣。

注意

食時或蘸葱油。或蘸甜蜜醬。味均良佳。

第十二節　燻蠶荳

材料

蠶荳一升。食鹽四兩。木屑一斤。

器具

鍋一只。爐一只。籠一只。燻缽一只。燻架一箇。碗一只。

製法

將蠶荳入鍋燒之。待透下以食鹽。再透撈起。剝去其皮。鋪於籠內晒至微乾。置於燻鉢。以木屑燻之。燻就。裝入碗內。以備佐粥。

注意 蠶荳煮時。水分宜寬。否則荳殼不易脫去。

第十三節　燻茭白

材料

茭白一斤。　醬油二兩。　蔴油二錢。　白糖一撮。　木屑半升。

器具

鍋一只。　爐一只·　厨刀一把。　燻缸一只。　燻架一箇。　洋盆一只。

製法

將茭白剝去其殼。用厨刀切開。用水洗淨。入鍋焯透。然後舖入燻架。燃火燻之。再塗以白糖醬油蔴油。燻就食之。味美可口。

注意

本食品亦宜佐粥。若上列種種。換以最新燻法。（參看第二編）尤佳。

第八章 糖貨

第一節 甜山藥

材料 山藥一斤。 赤砂糖一斤。 桂花香料少許。

器具 糖鍋一只。 炭爐一只。 刀一把。 竹槳一把。 洋盆一只。

製法 將山藥用清水洗淨。不必去皮。用刀切成段塊。再以赤砂糖桂花放入鍋內。煎至發沸。將山藥放入。用竹槳時時攪動。待糖焦。已經遍塗山藥。即可起鍋。盛於盆中。食之味美。

注意

糖鍋需預先加以菜油少許。庶不黏住。

第二節　蜜無花果

材料　無花果二斤。　赤砂糖二斤。　桂花香料少許。

器具　糖鍋一只。　炭爐一只。　缽一只。　大口玻璃瓶一箇。

製法　將無花果入鍋。加清水先煮一透。撩起。涼冷。再用赤砂糖桂花香料和清水熬成原液。傾於缽內。然後以無花果浸漬越一星期、向日晒乾。再行浸漬。經一星期再行晒乾。以糖汁吸盡爲度。乃貯藏玻璃瓶中。嚴塞爲宜。

注意

晒時不可經蠅蟲等吮食。以防腐敗。

第三節　蜜西瓜皮

材料

嫩西瓜皮一斤。　蜜糖半斤。　桂花醬少許。

器具

玻璃瓶一箇。　厨刀一把。　刻字刀一把。

製法

將嫩西瓜皮。用厨刀削去青瓤。切成薄片。刻以蟲鳥等種種形狀。刻成後以沸水泡之。即行取出。晒乾。置於瓶內。用蜜糖桂花醬漬之。用碗蓋蓋之。固封其口。毋使漏氣。約一月。即成。外觀既美。味亦甜美。

注意

本食品如無蜜糖。用蜜亦可。

第四節　蜜餞霜梅

材料 鹽霜梅十斤。白糖五斤。鮮紫蘇葉桂花少許。

器具 糖鍋一只。炭爐一只。槳一把。瓶數箇。

製法 將鹽霜梅入於煎沸之糖鍋中。但是必需將糖加清水預先煎成厚汁。約計三四十分鐘。始可放入霜梅。用槳調和。用鮮紫蘇葉桂花放入。再煎片時。即可裝入瓶中。食之可推佳品。

注意 若不甜可再加糖煎之。

第五節　蜜餞紅棗

材料
紅棗八只。　玉盆糖半斤。　桂花香料少許。
器具
糖鍋一只。　炭爐一只。　洋盆一只。
製法
將紅棗入鍋用清水煮透。撩起去皮。然後同玉盆糖桂花加沸水煎之。需用文火。俟已煎爛。卽可啖矣。
注意
本食品味不甚酸而甘。

第六節　葡萄膏

材料
葡萄乾一斤。　白糖一斤。　桂花香料少許。

器具　糖鍋一只。炭爐一只。桨一把。木匣一只。

製法　將白糖和清水。入於糖鍋。令其融解。用炭火熬煉。待沸。加入葡萄乾。以桨攪動。見已牽絲。倒入木匣。即佳。

注意　味較糖桃膏爲美。

第七節　糖桃膏

材料　桃子二斤。玉盆二斤。桂花香料少許。

器具　糖鍋一只。炭爐一只。刀一把。竹桨一把。

製法

將桃子用刀切碎。去其皮核。然後入糖鍋煎之。用槳攪動。勿使焦黑。煎至成膏。即可冷成桃膏矣。

注意

油鍋內滴以牛油少許。亦可防止煎焦。

第八節　糖紅棗

材料

紅棗十箇。　白糖半斤。　桂花香料少許。

器具

碗一只。　刀一把。

製法

將紅棗用滾水泡浸。剝去其皮。用刀切成二爿。挖去其核。然後以每爿滾以白糖。貯於碗中。上面以白糖桂花封口。時越一旬。融變成汁。色紅味酸。且帶甜味。

注意 本食品味較第二編糖山楂爲佳。

第九節 蜜苔子

材料 苔子八只。 玉盆四兩。 桂花香料少許。

器具 糖鍋一只。 炭爐一只。 鏟刀一把、碗一只。

製法 將苔子洗淨後。卽將鍋內清水燒沸。倒入加玉盆桂花香料等。約煮一刻鐘。卽可盛於碗中。食之味美。

注意

多則貯於瓶中。惟口需封固。

第十節　蜜紅莓

材料

紅莓半斤。　白糖六兩。　桂花香料少許。

器具

糖鍋一只。　炭爐一只。　鏟刀一把。　碗一只。

製法

將紅莓與白糖桂花。入鍋加清水煮之。煎至二十分鐘爲度。盛起供食。味頗甜美。

注意

食之解渴。

第十一節　蜜林檎

材料
林檎十只。　白糖四兩。　桂花香料少許。

器具
糖鍋一只。　炭爐一只。　鏟刀一把。　碗一只。

製法
將林檎洗淨。同白糖桂花。置鍋內沸水中煮之。隔十五分鐘。用鏟盛起。置入碗內。以供食用。

注意
林檎雖爲漿果。然生食不如蜜食。

第十二節　喜子糖

材料

麪粉二升。 菜油一斤。 酵粉一杯。 白糖一斤。 桂花少許。

器具

油鍋一只。 爐一只。 鏟刀一把。 匾一只。 罎一只。

製法

將麪粉酵粉白糖桂花和清水拌和。摘成小塊。入匾篩之。篩成圓形。一如桂圓糖。入熱油鍋中汆鬆。再拌以白糖桂花。卽可食矣。多則藏於石灰罎中。以免潮氣。

注意

本糖以脆爲佳。着潮食之。味覺遜色。俗名麻雀蛋。

第十三節 桂花糖

材料

桂花醬一杯。 玉盆六兩。

器具 糖鍋一只。 炭爐一只。 檗一把。 碗一只。

製法 將玉盃入鍋。熬成濃汁。加以桂花醬。熬煎成膏卽得。

注意 桂花醬卽木樨醬。做法參看第一編糖貨欄。

第十四節　百菓糖

材料 瓜子仁半兩。 胡桃肉半兩。 松子肉半兩。 白糖一斤。 桂花香料少許。

器具 糖鍋一只。 炭爐一只。 檗一把。 木匣一只。

製法

將白糖加清水入鍋中煎之。煎透。加入瓜子仁胡桃肉松子肉桂花香料等類。用槳調和。傾入木匣。俟冷。卽成。

注意

食時用手分之。

第十五節　玫瑰糖

材料

玫瑰花一百朵。　白糖二斤。　霜梅三箇。

器具

臼一只。　杵一箇。　碗一只。　模型一箇。　瓶數箇。

製法

將玫瑰花用手摘去白尖。用霜梅三箇泡水或鹽開水。待冷。浸入花瓣。

片時撩起。同霜梅入臼搗之。以爛爲度。然後加入白糖。刻以模型。裝瓶供食。

注意 裝瓶後。貯藏於石灰甏中。可使味脆而馥郁。

第十六節 松米糖

材料 松米肉二兩。 白糖半斤。 桂花香料少許。

器具 糖鍋一只。 炭爐一只。 槳一把。 盤一只。

製法 將白糖和清水煎成厚汁。加以松米肉。用槳拌之。調和盛起。平鋪盤內。候硬。卽可啖矣。

注意

松米肉即是松子仁。

第十七節　蘿蔔糖

材料

蘿蔔四斤。　玉盆四斤。　桂花香料少許。

器具

糖鍋一只。　炭爐一只。　棨一把。　桶一只。

製法

將蘿蔔切碎。用玉盆糖淸水浸漬。約半日。然後入糖鍋。用炭火煎之。用文火熬一小時。卽可藏入桶中。封固可以久藏不壞。

注意

味較糖佛手爲良。

第十八節　南瓜糖

材料
南瓜二十片。　白糖半斤。　桂花香料少許。

器具
糖鍋一只。　炭爐一只。　槳一把。　瓶一箇。

製法
將南瓜去皮切片。加入白糖。和淸水入鍋煎熬。待凝結牽絲。盛起貯藏瓶中。其味異常甜美。

注意
若能以之販賣於市上。成本輕而易舉。且出品特色。業糖貨者曷不起而圖之。

第九章　酒

第一節　啤酒

材料
汽水五斤。　糖汁一斤。　薑汁一兩。　淨酵三兩。

器具
瓶一箇。　火漆一塊。

製法
將汽水糖漿薑汁淨酵等物。注入瓶中。關蓋緊塞。徐徐播動。使其和勻。閱三四點鐘。啤酒已成矣。

注意
飲之沁入心脾。

第二節　橘酒

材料

橘子四只。　龍眼十箇。　冰糖六兩。　高粱燒二斤。

器具　玻璃瓶一箇。　銀針一只。

製法　將橘子用銀針刺孔。同龍眼冰糖浸入高粱燒中。一二月可飲。撲鼻可口。眞佳釀也。

注意　橘子需揀選大者。

第三節　薑酒

材料　薑汁二兩。　菓酸二兩。　赤砂糖斤半。　淨酵五兩。　檸檬汁半杯。　蒸溜水四斤。

器具

木桶一只。　玻璃瓶一箇。

製法

將薑汁菓酸赤砂糖。先行調和。置木桶中。加以八十度以上之蒸溜水。稍冷。再加淨酵檸檬汁。旋卽桶口封固。迨至二三日裝於瓶中。封口閱十日卽就。

注意

本酒爲消夏妙品。

第四節　香櫝皮酒

材料

雪梨十只。　淨酵四兩。　薑汁二兩。　糖汁一斤。　蒸溜水六斤。

器具

玻璃瓶一箇。 火漆一塊。

製法

將雪梨取汁。和淨酵薑汁糖漿蒸溜水等。調勻裝入瓶中。封口塗以火漆。隔二三小時之久。卽成香檳皮酒矣。

注意

本酒味較市售爲醇。

第五節 佛手酒

材料

佛手一只。 高粱燒半斤。

器具

瓶一箇。 刀一把。

製法

將佛手用刀切片。浸於高粱燒中。時逾一月。卽可飲之。

注意

本酒能使腹中憂悶。飲之卽消。

第六節　香檳酒

材料

雪梨二十只。　白糖半斤。　酒精少許。

器具

罎一只。　榨牀一具。　玻璃瓶一箇。

製法

將雪梨榨汁。盛入罎內。加以白糖酒精。密封罎口。藏於地下。約六星期。取出裝瓶。飲之香美。

注意

梨以山東產爲良。

第七節　蘋菓酒

材料　蘋菓十只。　燒酒二斤。　冰糖六兩。

器具　大口玻璃瓶一箇。

製法　將蘋菓加冰糖。浸入燒酒中。日久飲之。可稱旨酒。

注意　常飲補腦。

第八節　檸檬酒

材料

紹興酒一斤。　檸檬汁一瓶。
器具
瓶一箇。　杯一只。
製法
將紹興酒和入檸檬汁。少時飲之。味過佳釀。
注意
以檸檬菓浸燒酒亦佳。

第九節　紅莓酒

材料
紅莓二十只。　冰糖六兩。　燒酒一斤。
器具
玻璃瓶一箇。

製法
將紅莓同冰糖。先行入瓶中。然後傾入熱燒酒。封藏勿洩氣。否則難免出味。

注意
飲之開胃。

第十節　葡萄酒

材料
鮮葡萄五斤。　白糖二斤。　酒精一杯。

器具
罎一只。　榨牀一具。　玻璃瓶一箇。

製法
將葡萄用榨牀榨取其汁。加以白糖。及酒精。同入罎內。嚴封埋藏地中。

約一二月。卽可裝瓶供飲。清香有酒味。

注意

葡萄多含鐵質。飲之補血强身。

第十一節　林檎酒

材料

林檎十只。　冰糖四兩。　高粱酒一斤。

器具

大口玻璃瓶一箇。　布一方。

製法

將林檎洗淨。用布抹乾。與冰糖一同入瓶。然後加以高粱酒。一月可飲。香氣芬馥。

注意

貯藏愈久。其味愈佳。

第十二節　苔子酒

材料　苔子半斤。　冰糖六兩。　汾酒一斤。

器具　瓶一箇。

製法　將苔子裝入瓶中。加汾酒浸好。越一星期。將冰糖融入酒中。日久飲之。味甚醇厚。

注意　吾人暇時。淺斟自酌家釀酒。洵風雅韵事也。

第十三節　水蜜桃酒

材料 水蜜桃一斤。　白糖半斤。
器具 大口玻璃瓶一箇。　刀一把。
製法 將水蜜桃洗去其毛。用刀剖開。去其內核。剝脫其皮。再行切成小塊。四周滾以白糖。裝入大口玻璃瓶內。取蓋封固。二三月後。盡變爲汁。飲之香甜可人。
注意 飲之潤氣補血。最宜常服。

第十四節　玫瑰葡萄酒

材料

紅玫瑰花三十朶。 葡萄一斤。 霜梅三箇。 文冰四兩。 燒酒一斤。

器具

玻璃瓶一箇。 火漆少許。 篩一只。

製法

將葡萄去莖。搾取其汁。盛入玻璃瓶內。再將霜梅用開水泡湯。待冷。將紅玫瑰花摘去其蒂洗之。隨卽撩起。平鋪篩上。乘風吹乾。亦卽裝瓶。并加以頭鍋燒。隔十日。花中色素。融入酒中。色遂映紅矣。再隔半月。加以文冰。月餘飲之。香甜絕倫。

注意

本酒能敹血增神。分外滋補。霜梅卽鹽梅子。泡湯洗之。可使色澤美麗。

第十五節 治癆止咳藥燒

材料

燒酒五斤。當歸一兩。桃仁一兩。熟地一兩。枸杞一兩。杜仲一兩。葡萄一兩。紅棗一兩。桂圓肉一兩。冰糖一斤。

器具

罈一箇。泥若干。蔴袋一只。

製法

將當歸桃仁熟地枸杞杜仲葡萄紅棗桂圓肉冰糖等如數配就。包入蔴袋內。先置罈中。然後將原鍋燒倒入。封口擋泥。越四星期飲之香美可口。

注意

本酒能使虛勞百病。常飲有效。

第十六節　十全大補藥酒

材料

汾酒一罎。高麗參一兩。鹿角霜四兩。厚杜仲三兩。大熟地四兩。枸杞二兩。全當歸四兩。大紅棗半斤。桂圓肉六兩。葡萄乾四兩。核桃仁一兩。冰糖一斤半。

器具

罎一只。袋一只。箬數張。

製法

將上列各物。納入袋中。先置罎內。再將山西汾酒傾入。以滿爲度。揩泥封口。八九星期可飲。

注意

本酒能陳尤旨。

第十七節 滋陰壯陽燒

材料

大糟一罎。　龍眼肉一斤。　胡桃肉半斤。　白菓肉半斤。　松子肉三兩。　蓮心半斤。　冰糖二斤。

器具
罎一只。　袋一只。　箬數張。

製法
將龍眼肉胡桃肉白菓肉松子肉蓮心等物。裝入袋內。先行入罎。將大糟吊就。乘熱傾滿罎內。封口擋泥。半月可飲。

注意
蓮心需去心。

第十八節　救胃補脾藥燒

材料
大糟一罎。　冰糖二斤。　全當歸四兩。　露黨參三兩。　桂圓肉一斤。

枸杞四兩半。

器具

罎一只。袋一只。箬數張。

製法

將上述各藥料。包入袋中。包就。同冰糖裝入罎中。將原鍋燒吊好。冲入罎內。用箬封口。再擂以泥。月餘飲之。藥性已到。常飲最宜。有益衞生之品也。

注意

本藥燒之功效。在於救胃補脾。如有患胃弱而積食不消化者。可以常服。必有奇效。此非編者臆說。實經驗家親爲嘗試者也。惟藥料需道地。時日必經久。其無成效者。我不信矣。

第十章 藥

第一節　粉鹽荳

材料
黃荳一升。　食鹽二兩。　香料若干。　砂二升。

器具
鍋一只。　爐一只。　鏟刀一把。　篩一只。　罎一箇。

製法
將黃荳浸水。過夜撈起。以篩吹乾。然後將砂子入鍋炒熱。乃以黃荳倒下。用鏟炒之。不可停手。以防焦黑。覷其色黃而鬆。卽可盛入篩內篩去砂屑。均洒鹽湯。便可裝罎。以便隨時取食之。

注意
黃荳需浸得胖。炒得鬆。否則便要僵硬矣。

第二節　炒大花生

材料　花生二斤。　黃砂五斤。　芥菜滷一缽。

器具　鍋一只。　爐一只。　鏟刀一把。　罏一只。

製法　將大花生浸於芥菜滷中。約一日。撩起吹乾。用黃砂入鍋燒熱。然後用花生倒入。引鏟亂炒。半時便熟。食之消痰。

注意　花生宜冷食。不宜熱食。且藏於罏內。亦宜候冷收貯。否則不脆矣。又浸於芥菜滷中。可免炒焦矣。

第三節　炒鹽荳

材料

蠶荳一升。　菜油一兩。　食鹽一兩。

器具

鍋一只。　爐一只。　鏟刀一把。　大碗一只。

製法

將蠶荳洗淨沙泥。攤開吹乾。俟乾之後。倒入鍋內。將鏟亂炒。不可停手。以免枯焦。炒至徧黃。下以菜油。隨下食鹽。再炒一二翻身。便可起鍋。盛入碗內。食之鬆脆異常。

注意

本荳宜於佐粥。且能幫助消化。有益脾胃。

第四節　炒五香荳

材料

蠶荳一升。　食鹽一兩。　陳黃酒二兩。　丁香山芳各少許。　甘草末一包。

器具

鍋一只。　爐一只。　鏟刀一把。　蔴布袋一箇。　大碗一只。

製法

先將蠶荳洗淨。然後用丁香山芳裝入蔴布袋內。一同和水入鍋煮之。再加下食鹽陳黃酒。燒三四透。見他皮皺水乾。乃可鏟起。徧灑甘草末。味更甜美。

注意

五香荳在未燒熟時。若鹽水已乾。則食時荳皮必難脫去。故燒時湯汁宜寬。如換以芥菜滷燒之。則成鹽水荳矣。

第五節　炒花生米

材料

花生五斤　鹽湯一碗

器具

鍋一只。爐一只。鏟刀一把。篩一只。罎一箇。

製法

將花生剝去外殼。（不可脫衣）倒入鍋內。引鏟亂炒。（炒時需用文火。不使枯焦。）炒至鬆脆爲度。便卽鏟起。盛入篩內。洒以鹽湯。乃可藏入罎內。便可取食。

注意

此種炒法。手脚用來不勻。必致菓肉焦黑。若用砂子炒之。可免此患。

第六節　汆梨片

材料

黃香梨三只。葷油四兩。白糖少許。

器具 鍋一只。 爐一只。 快刀一把。 洋盆一只。

製法 將黃香梨扦去外皮。用快刀切薄片。然後將油鍋燒透。倒入鍋內汆至鬆脆乃佳。拌以白糖。味甚脆美。

注意 梨片汆時。需用文火。不然必致枯焦。食之不脆。

第七節　炒糖荳

材料 蠶荳一升。 小茴香末少許。 菜油四兩。 砂糖六兩。

器具 鍋一只。 爐一只。 鏟刀一把。 大碗一只。

製法

將蠶荳洗浸一夜。然後撈起。剝去外殼。倒入熱油鍋內。汆之一透。下以茴香。俟至鬆黃。再加砂糖。使之拌和。便卽鏟起。盛之碗內。以備供食。

注意

本食品味較糖荳瓣爲鬆。

第八節　燒紅棗

材料

紅棗一斤。　白糖四兩。　木樨米一撮。

器具

鍋一只。　爐一只。　大碗一只。

製法

將紅棗和水入鍋。燒之一二透。用白糖收露。再燒一透。乃以木樨米拌和。即可盛起。食之甜美。罕有倫比。

注意

紅棗燒時。水分宜寬。否則紅棗不甚肥胖。

第九節　炒爆開荳

材料

蠶荳一升。　食鹽一斤。

器具

鍋一只。　爐一只。　鏟刀一把。　籃一只。　篩一只。　大碗一只。

製法

將蠶荳先在水中浸之。然後撈起瀝乾。約一小時。將清水冲之。再隔一小時。再冲一次。如是五六次後。則荳肉發漲。而殼不漲。然後攤於籃中。吹之微乾。乃以食鹽傾入鍋內。用武火先炒之成焦。再後以蠶荳倒入。

書名：家庭食譜三編
系列：心一堂・飲食文化經典文庫
原著：【民國】時希聖
主編・責任編輯：陳劍聰

出版：心一堂有限公司
通訊地址：香港九龍旺角彌敦道六一〇號荷李活商業中心十八樓〇五一〇六室
深港讀者服務中心：中國深圳市羅湖區立新路六號羅湖商業大厦負一層〇〇八室
電話號碼：(852) 67150840
網址：publish.sunyata.cc
淘宝店地址：https://shop210782774.taobao.com
微店地址：　https://weidian.com/s/1212826297
臉書：　　　https://www.facebook.com/sunyatabook
讀者論壇：　http://bbs.sunyata.cc

香港發行：香港聯合書刊物流有限公司
地址：香港新界大埔汀麗路36號中華商務印刷大廈3樓
電話號碼：(852) 2150-2100
傳真號碼：(852) 2407-3062
電郵：info@suplogistics.com.hk

台灣發行：秀威資訊科技股份有限公司
地址：台灣台北市內湖區瑞光路七十六巷六十五號一樓
電話號碼：+886-2-2796-3638
傳真號碼：+886-2-2796-1377
網絡書店：www.bodbooks.com.tw
心一堂台灣國家書店讀者服務中心：
地址：台灣台北市中山區松江路二〇九號1樓
電話號碼：+886-2-2518-0207
傳真號碼：+886-2-2518-0778
網址：http://www.govbooks.com.tw

中國大陸發行　零售：深圳心一堂文化傳播有限公司
深圳地址：深圳市羅湖區立新路六號羅湖商業大厦負一層008室
電話號碼：(86)0755-82224934

版次：二零一五年四月初版，平裝

心一堂微店二維碼　心一堂淘寶店二維碼

定價：
港幣　一百零八元正
人民幣　一百零八元正
新台幣　三百九十八元正

國際書號 ISBN 978-988-8316-03-8